美味的科学系列

美味的

物理

[英] 艾丹·兰德尔-康德 / 著

周江源 / 译

天津出版传媒集团

天津科学技术出版社

图书在版编目（CIP）数据

美味的物理 /（英）艾丹·兰德尔 – 康德著 ; 周江源译 . -- 天津 : 天津科学技术出版社 , 2023.3

书名原文 : KITCHEN SCIENCE:The Physics of Popcorn

ISBN 978-7-5742-0775-2

Ⅰ . ①美… Ⅱ . ①艾… ②周… Ⅲ . ①物理学—青少年读物 Ⅳ . ① O4-49

中国国家版本馆 CIP 数据核字（2023）第 020892 号

美味的物理

MEIWEI DE WULI

责任编辑：冀云燕

责任印制：兰　毅

出　　版：天津出版传媒集团
　　　　　天津科学技术出版社

地　　址：天津市西康路 35 号

邮　　编：300051

电　　话：（022）23332400

网　　址：www.tjkjcbs.cn

发　　行：新华书店经销

印　　刷：运河（唐山）印务有限公司

开本 710×1000　1/16　印张 10　字数 129 000

2023 年 3 月第 1 版第 1 次印刷

定价：52.00 元

前 言

- -

1971年7月26日，美国宇航员大卫·斯科特登上月球后，做了这样一个实验：他右手拿锤子，左手拿羽毛，从同一高度同时将它们释放，锤子和羽毛同时落到了月球表面。这个实验验证了400多年前，意大利科学家伽利略所提出的自由落体定律的正确性。伽利略认为，不同质量的物体在只受重力作用影响下降落，做自由落体运动，会同时落地。

人们通常认为，受空气阻力的影响，羽毛会比锤子晚落地。由于月球上并没有空气，不存在空气阻力，因此宇航员大卫·斯科特在月球上做自由落体实验，以验证伽利略提出的自由落体定律。

能够在没有空气的月球上验证伽利略的理论固然很重要，但更重要的是，这个实验成功了。伽利略根据地球上物体下落的规律，提出了这一适用于宇宙万物的理论。物理学正是这样的一门学科，旨在寻找宇宙运行的最基本规则，其理论能够应用在广泛的生活中。

物理学将帮助你了解周围的世界，乃至整个宇宙——从基本粒子到浩瀚的银河系，从炽热的太阳中心到极寒的外太空深处，物理学无处不在。

这本书将会为你呈现物理学领域的相关知识。书中涵盖了大量的实验，如制作航天飞机等。每个实验都配有详细的解释说明，以及有趣的快问快答模块，这些内容都会帮助你加深对相关概念的理解。实验材料都来自日常用品，即使你家里没有所需的部分材料，你的朋友或邻居家里也一定会有，你可以向他们"求助"。

你可能会有这样的疑问：爆米花和物理学有什么关系呢？其实，"爆米花背后的物理学"就是我们身边的物理学。例如，制作爆米花利用的是蒸汽的物理原理，蒸汽对第一次工业革命起到了巨大的推动作用；使用微波炉加工爆米花，利用的是微波，而世界上的每一部手机和收音机可以接收信息，也正是微波在起作用。构成爆米花的原子是在恒星的中心产生的，这种原子遍布整个宇宙。

现在你可能在用日常用品做实验，但数年后，你或许正在太空飞行；现在你可能还在做磁力实验，但数年后，你或许会以研制高端、新奇的设备为业。一旦掌握了物理学，那么，唯一能限制你如何去做的就是自然法则。只有理解并遵从这些法则，人类才能够完成如登月、构建互联网、生产绿色可再生资源等这些原来看似完全不可能完成的任务。

目 录

第一章　能量和热

第二章   电磁波和电磁

第四章　核物理与空间

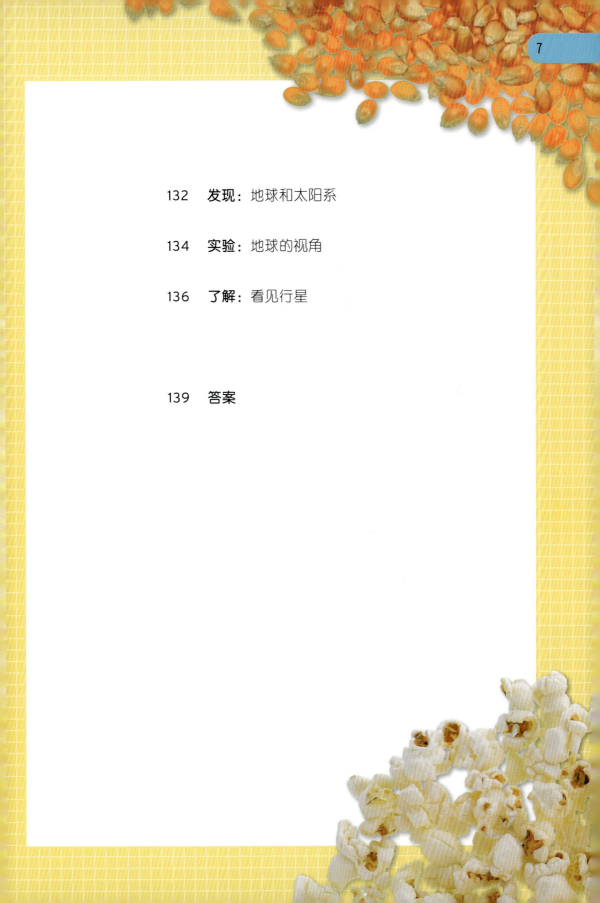

第一章
能量和热

发现

了解

实验

发现：密度和浮力

玉米粒很小也很硬，可做成爆米花之后，会膨胀变大变松软，而且吃起来很香甜。那么，你知道制作爆米花的原理吗？原来，每个玉米粒中都含有水和淀粉，在高温高压的状态下，玉米粒就会急剧膨胀并炸裂，变成爆米花。

质量和体积

玉米粒变成爆米花后，密度发生了变化。密度表示的是物质在单位体积内的质量。质量描述的是物体的重量，体积是用来测量物体所占空间大小的量。例如，你有一立方厘米的沙子，"立方厘米"就是沙子的体积单位。假设每个玉米粒的质量相同，那么玉米粒的数量增加一倍，质量也同样会增加一倍，即玉米粒的质量和数量成正比。

密度的计算公式：

密度 = 质量 ÷ 体积

由公式可知，密度并不只和质量有关，跟体积也有关。例如，能量密度指的是物质在一定的空间或质量中存储能量的大小。因此，我们可以把玉米粒的密度定义为单位体积内玉米粒的质量。

图解公式

这本书中涵盖了很多公式。下图是利用三角形图解表示密度的公式，部分其他的公式也可以用这种图解的形式呈现。如果已知其中的两个量，求第三个量的数值，用图解的形式能够很快知道如何运算。例如，计算密度时，遮挡三角形的左下角，由图解可知密度为质量除以体积。计算质量时，遮盖住代表质量的三角形，得出质量为密度乘以体积。

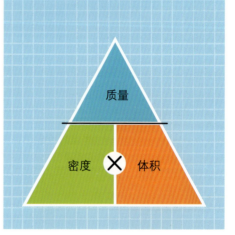

浮力

　　当浸入液体的物体的密度变小时，其所受的浮力会发生改变。例如，一个原本沉在水里的物体密度变小后，可能会漂浮在水上。这正是鱼可以在水中自由沉浮的原因：鱼通过鱼鳔肌控制鱼鳔的收缩和膨胀，使体内的空气含量产生变化，从而调节身体的密度。当鱼鳔肌放松，同质量的空气占据的空间变大时，其身体的密度变小。相反，如果要使密度增大，鱼鳔肌就会收缩，使同质量的空气占据的空间变小。密度发生改变，鱼在水中所受到的浮力也会发生变化：当鱼的密度小于周围水的密度时，水就会将鱼向上推，直至把鱼推至鱼和水的密度相等的位置。这种水把鱼向上托起的作用力就叫作浮力。

　　当一个物体被放入水中时，水就会被排开。浮力的大小就等于物体处于稳定状态下所排开的水的重力大小。例如，一条体积为500 cm³的鱼在水中，会受到与500mL的水所受到的重力一样大的将它向上推的作用力（即浮力）。如果这个力大于鱼所受到的重力，鱼就会上浮。反之，当鱼想要下潜，则必须增加自身密度，使其所受到的重力大于浮力。

实验：第一次爆米花实验

爆米花做好后，你首先会注意到，与未加工的玉米粒相比，爆米花的体积扩大了数倍。那么，它们之间的体积到底相差多少，该如何计算呢？

准备材料：

· 一包玉米粒

· 炉灶和一只带盖的平底锅

· 填充物（如：糖、盐、大米或沙子等）

· 电子秤和隔热毯

· 小号量杯（容量50mL）

· 中号量杯（容量大于或等于750mL）

· 大号的搅拌碗

具体步骤：

1. 把玉米粒全部倒入平底锅中，盖上盖子。将平底锅放在炉灶上，开中火，加热到大约一半的玉米粒爆开为止（找成年人来帮忙）。把平底锅放在隔热垫上冷却（一定要小心，不要被烫到），待爆米花冷却后，将爆米花和没爆开的玉米粒分开。

2. 向小量杯内注入40mL水，用电子秤称重，并记录下总质量。

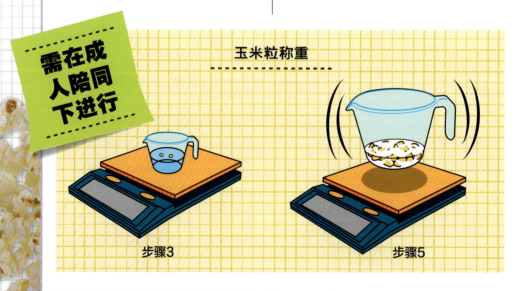

需在成人陪同下进行

玉米粒称重

步骤3

步骤5

3.将玉米粒逐粒加入小量杯中，直至水位上升到50mL为止，即加入的玉米粒的体积为10cm³（1mL=1cm³）。记录玉米粒的数量，用符号$N_{玉米粒}$来表示，并再一次将小量杯整体称重，记录称得的质量。

4.用装有水和玉米粒的小量杯的质量（见步骤3），减去只装有水时小量杯的质量（见步骤2），记录为符号$m_{玉米粒}$。用这个数值除以步骤3中添加的玉米粒数量，即得到单个玉米粒的质量。

5.将25粒爆米花放入中号量杯中，加入适量的填充物使其被充分遮盖。轻轻摇晃量杯30秒，然后根据量杯上的刻度记录下杯内物体的体积。将量杯连同杯中的爆米花和填充物一起称重，并记录。

6.把中号量杯内的爆米花和填充物全部倒进大搅拌碗后，再将填充物分离出并倒回中号量杯中，并称重。记录下量杯的总质量以及填充物的体积。

7.从爆米花和填充物的总体积中（见步骤5）减去填充物的体积（见步骤6），即得到25粒爆米花的体积，用符号$V_{爆米花}$来表示。

8.从爆米花和填充物的总质量中（见步骤5）减去填充物的质量（见步骤6），即得到25粒爆米花的质量，用符号$m_{爆米花}$来表示。

会发生什么？

爆米花到底比玉米粒多占了多少空间呢？要回答这个问题，我们需要知道一粒玉米粒和一粒爆米花的体积。

要计算出单粒玉米粒的体积，可以再次查看步骤3。用10cm³除以添加到小量杯中的玉米粒数量（$N_{玉米粒}$），即得到单颗玉米粒的体积，记录为$V_{玉米粒}$。用爆米花的总体积（$V_{爆米花}$，参见步骤7）除以25，即为每粒爆米花的平均体积。计算出玉米粒和爆米花的体积差。所得的结果比你估计的数值大吗？（本实验的实验结果可应用于第12页的内容。）

为了找出爆米花体积变大的原因，你可以将一些爆米花放入水中，观察水位的变化。水位变化的数值和你预期的一样吗？如果不一样，你认为是为什么呢？

（答案见第140页）

发现：物质状态

我们能看到和触摸到的一切事物都是由物质构成的。物质有三种状态：固态、液态和气态。例如，我们吃的面包是固体，喝的水是液体，呼吸的空气是气体。

固态、液态和气态

一切事物都是由分子构成的，分子是构成物质的微粒。某种物质是固态、液态还是气态，主要取决于构成它的分子之间的作用力。

固体是坚硬的，能够保持一定的形状。固体中的分子排列就像装在盒子里的橘子，如果移动其中的一个，那么，其他的也会随之移动。固体的密度通常比气体的密度大。

液体中的分子排列就像装在袋子里的橘子，虽然挨在一起，但形状却不固定。容纳它们的容器是什么形状，它们就会排列成什么形状。一般来说，液体的密度和固体差不多。

气体中的分子排列就像"一堆自由飞翔"的橘子。气体没有固定的形状或密度，它可以填满任何可用的空间。

液体和气体都是流体。当流体的分子撞击容器壁时，分子就会对容器壁产生压力。

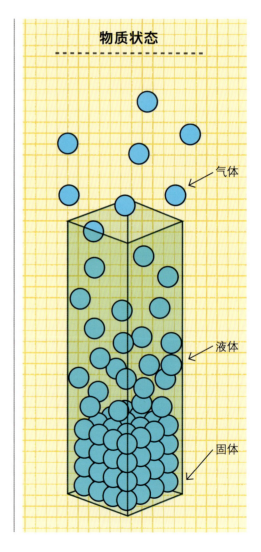

物质状态

气体

液体

固体

气球中的气体

假如你有一个充满气的气球，但封口处没有封死，当你一只手抓着封口处，另一只手轻轻地按压气球时，由于压强的关系，你会感受到内部气体的反作用力。这是因为当我们向气球表面施加压力时，气球内的气体分子在高速运动，分子与分子之间、分子与气球壁之间都会发生碰撞，从而让我们感受到力的存在。

那么，增加气球内部压强的方法有哪些呢？

方法一：增加气球内部的气体，即把气球再吹大一些。

气球内的压强＝
常数×气球内的空气量

由公式可知，当气球内的空气量增加一倍时，气球内的压强也会增加一倍。压强、体积和温度都是变量，而常量是恒定的，它的值取决于所使用的单位。举一个常量的例子，假设你从纽约开车到洛杉矶，距离约为4 500km。

方法二：挤压气球。当我们挤压气球，迫使内部气体所占的空间变小时，我们就会感觉到气球内部的气体也在推向我们。即体积缩小，压强增加。上述公式可更新为：

气球内的压强＝
常数×气球内的空气量÷体积

方法三：给气球增加一些热量。温度升高，分子运动会更加激烈，内部气体分子撞击气球表面更加频繁，内部压强增大。因此，上述公式中还可以添加一项内容，即：

气球内的压强＝
常数×气球内的空气量×温度÷体积

发现：热和能的传递

能量无处不在，它存在于阳光中，也存在于街道上行驶的汽车中，就像呼吸一样，人类所做的一切都离不开能量。

能量可以用来制作爆米花。能量是守恒的，既不会凭空产生，也不会凭空消失，只能从一个物体传递给另一个物体。能量的存在形式有很多种，且能量可以相互转换。热能是能量的一种，热能可以转化为功（如发电厂将热能转化为电能），功也可以转化为热能。利用电热水器给水加热，快速地摩擦双手，都是我们生活中最常见的能量相互转换的例子。

每当能量从一种形式转换成另一种形式时，都会有一部分能量以热能的形式被消耗掉了。就像是东西用久了肯定会有磨损，室内不可能永远保持整洁一样，能量也不可能完全转换。能量在转换过程中以热量形式而损失，这样的例子有很多。比如：计算机工作时，需要风扇来散热；手机在充电的时候，会轻微发烫；骑完自行车后，轮胎、刹车甚至齿轮都会产生一定的热量；等等。

热能的转移

如果一个小的空间很热，那么这些热量就会逐渐扩散到更大的空间去。例如，在泡热水澡的时候，如果水温比室温高很多，那么水温会下降得很快；而当水温只比室温稍高时，水温就会下降得较慢。

热饮通过热传导（杯子是热的）和热对流（杯子上方的空气是热的）散发出热量

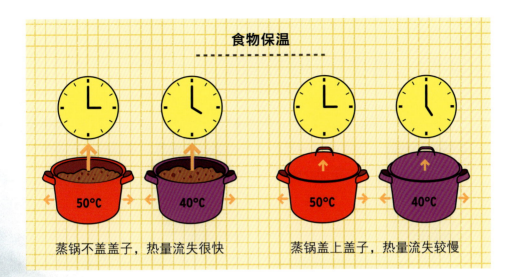

食物保温

蒸锅不盖盖子，热量流失很快   蒸锅盖上盖子，热量流失较慢

热传递的方式有三种：

· 热传导：通过固体传递热量；

· 热对流：通过液体或气体传递热量；

· 热辐射：热量从一个地方转移到另一个地方，不需要依靠固体、液体或气体。

当爆米花受热时，这三种热传递都会发生。一个热的物体在散热时，如果热量散失得很快，那么它冷却的速度也会很快；如果热量散失得很慢，那么它冷却的速度也会很慢。采用保温材料来制作热水箱，正是利用了这一原理，来延缓水温下降的速度。热量流失的速度与热传递的快慢有关。而且，温差越大，热传递的速度越快。

冰让饮料更加冰爽？

人们通常会认为，在饮料中加入冰块，冰块使饮料变得更加冰爽。但真的是这样吗？水比冰的温度高，所以它将热量传递给冰。当冰融化时，产生了更多的水，于是在热对流的过程中，这些水将更多的热量传递给冰。因此，饮料变冰爽的真正原因是饮料在向冰散热的过程中，因失去热量而温度降低。当饮料向冰传递热量时，冰不只是温度升高，而且还融化了。也就是说，饮料中大部分热量都是通过冰吸收热融化而消耗的，而不是冰温度的升高。

实验：热对流模拟实验

- -

　　如果在一间寒冷的房间里，使用暖气片取暖，你很快就会注意到热量是如何扩散的。与房间里的其他地方相比，离暖气片越近的地方就越暖和。以下这个实验会帮助你认识到热量是如何传递的。

准备材料：

- ·两个大小和形状相同的玻璃杯
- ·自来水
- ·水溶性红、蓝食用色素
- ·秒表

实验步骤：

　　1.在两个杯子中分别装入四分之三的水。

　　2.向1号玻璃杯里加一滴蓝色的食用色素，并开始计时，观察色素是如何从一小片区域扩散到整杯水的。当水完全变色时，停止计时，记录下整

最好使用
水溶性
食用色素

步骤2

个过程所用的时间。通过观察，我们会发现，色素刚开始扩散得很快，然后会逐渐变缓，直至水完全变色。

3.现在同时向1号和2号杯子分别加入一滴蓝色食用色素。哪个杯子里的水完全变色的时间更短呢？用了多少秒？

4.杯子里的水保持原状，向2号杯中加一滴红色的食用色素，记录下水完全变色的时间。这次整杯水变成紫色用了多长时间呢？

实验总结

在实验的第2步中，最后玻璃杯中的食用色素呈均匀分布状态。你可能认为这意味着色素已经停止扩散，然而实际情况并不是这样的。虽然表面看起来杯里的水很平静，但实际上色素仍然在水中不停地运动着，只是因为水的整体密度相同，所以水的颜色看起来并没有明显变化。

这是什么原理呢？

这种颜色在水中的传播被称为扩散。通过实验，我们发现，在步骤2和步骤4中，食用色素在两杯水里的扩散速度是一样的。即便在步骤4中，向蓝色的水中加入红色色素，扩散的速度也没有发生改变。然而，同样颜色的第二次滴液，色素在水中的扩散却需要更长的时间（见步骤3中1号杯的实验）。

扩散是指物质从高密度区域向低密度区域转移，直至均匀分布的现象。同理，颜色的扩散也就是指颜色从高密度区域向低密度区域转移的现象。生活中扩散现象的例子还有很多，比如：我们在喝热汤的时候，最开始，汤凉得很快，但放置了一会儿后，汤的温度就会相对稳定，变化也不那么明显了。

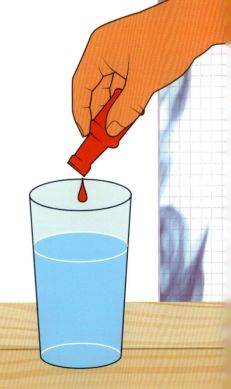

步骤4

了解：密度

科学家们在探索世界万物的过程中，很难直接获得某些数据。在这种情况下，他们只能间接地获取答案。

快问快答：爆米花的密度

在这个实验中，我们将通过测量一些爆米花的质量和体积，分别计算玉米粒和爆米花的密度。

要计算玉米粒的密度，我们需要知道玉米粒的体积（详见第4–5页，关于水位从40mL增加到50mL的部分）和质量，根据质量和体积计算密度的公式（详见第2页），就可以计算出玉米粒的密度。

玉米粒的密度 =

玉米粒的质量÷玉米粒的体积

采用同样的方法，可以计算出爆米花的密度。已知爆米花的质量和体积，根据密度公式，计算出其密度。

爆米花的密度=

爆米花的质量÷爆米花的体积

用玉米粒的密度除以爆米花的密度，就可以知道相同质量的爆米花比玉米粒多占了多少空间。那么，爆米花比玉米粒的密度小多少呢？

玉米粒在变成爆米花的过程中可能会损失一些质量。用玉米粒的质量除以玉米粒的数量，即为每粒玉米粒的质量。用同样的方法，可以计算出每粒爆米花的质量。

每粒爆米花与玉米粒的质量相差多少呢？如果你是制作或销售爆米花的商家，你更愿意卖玉米粒还是爆米花呢？

（答案见第140页）

了解：热传递

热量通过固体传递的方式叫热传导，通过液体或气体传递的方式叫作热对流，直接传给不相互接触的物体的传递方式叫作热辐射。

快问快答：受热

下列事例，分别属于哪种热传递的方式呢？（有的事例中热传递的方式不止一种。）

1. 晚餐时间到了，你的朋友想吃意大利面。他点燃炉灶，将意大利面冷水下锅，开始煮面。

2. 天气很热，你在喝冰柠檬水的时候，不小心把杯子里的一块冰掉在了地上。被太阳一晒，冰很快就融化了。

3. 你吃巧克力很慢，它在你的手里融化了。

4. 在洗热水澡的时候，你会看到水面上弥漫着水蒸气。

5. 露营时用篝火取暖。

6. 你扭伤了脚踝，校医让你把冰袋敷在扭伤处。

7. 天气很冷，爸爸妈妈开车送你去上学。为了让你觉得暖和些，爸爸打开了车里的暖风。

（答案见第140页）

巧克力在手里久了，就会融化

发现：理想气体和蒸汽机

热能是能量的一种形式，热能的发现彻底改变了人类对世界的认知。热能实际上是分子运动产生的分子动能，某种物质中分子的运动越剧烈，其热能也就越大。

物质的温度与分子运动的剧烈程度有关。热量可以从高温区域传递到低温区域。给某物质加热，温度升高多少取决于物质本身。例如，在我们给水和植物油增加同等的热量时，油的温度会上升得更快，这是因为水的吸热能力更强。在一定的温度范围内，我们日常生活里接触到的所有液体中，水的吸热能力是最强的。所以若要使水和油升高同样的温度，水就需要消耗更多的热能。

给气体加热时，其内部的分子运动加快。当分子振动时，气体通常会膨胀。如果气体由于被容器限制而无法膨胀，其分子就会以更快的速度撞击容器壁，压强就会增加。

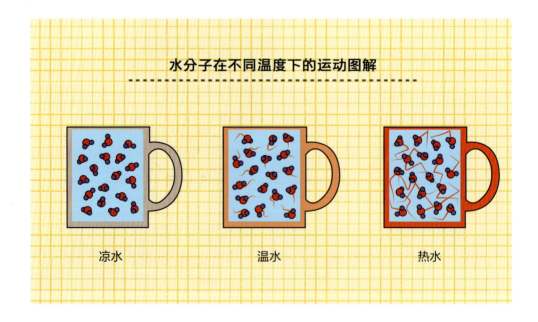

水分子在不同温度下的运动图解

凉水　　　　　　温水　　　　　　热水

理想气体状态方程

理想气体状态方程描述的是理想气体的温度、体积和压强之间关系的状态方程。

压强×体积=
常数×气体物质的量×温度

这个方程式与第7页的方程式相似，公式中包含一个常数，它是一个固定不变的数值。例如，一个人用华氏度作为计量温度的单位，另一个人用摄氏度作为计量温度的单位，若想使单位统一，他们则需要使用不同的常数值。不过，这个常数并不影响物理结论。在这个方程中需要注意的是，等式左边的压强和体积与右边的温度和气体物质的量成正比。

如果气体的温度升高，那么它的压强或体积会增加，也有可能压强和体积都增加。

如果气体的体积不能增加，会怎么样呢？在这种情况下，气体的压强一定会增大，这也就是蒸汽机的工作原理——利用高压蒸汽来推动活塞做功。

热能的应用

第一次工业革命期间，人们利用热能产生蒸汽，从而用来发电的创举改变了世界。这一原理被广泛应用后，人们发明了蒸汽火车，以及很多其他机器，使人们的生活变得更加便利。那么蒸汽机是怎样把热能转化为功的呢？首先，必须把水加热到一定的温度，使其足以在气缸内产生高压蒸汽。当高压蒸汽推动活塞时，就会产生压力。压力、压强和面积的关系用公式表示为：

压力=压强×面积

封闭容器中的蒸汽受热，压强就会增加。高压蒸汽推动活塞运动，即做功。我们可以这样理解功的含义，当一个力作用在物体上，物体在这个力的方向上产生了位移，就说明这个力对物体做了功。例如，在拿一件重物时，我们必须克服重力的作用提起物体，这需要很大的力，这个过程就是做功。同样，当进行拔河比赛时，比赛双方都朝着自己的方向拉绳子，每一次无论绳子偏向了哪一方，也都是在做功。但是做了多少功呢？我们可以用下面的公式来计算：

功=力×位移

所以，蒸汽机是通过蒸汽推动活塞运动，把热能转化为功的。

实验：水变水蒸气

水被加热后，水分子运动的速度加快，分子间彼此碰撞，产生剧烈的运动。当水沸腾时，水分子因为吸收了充足的热量，就会蒸发变成水蒸气。

用电热水壶烧水时会发生什么现象呢？与水相比，水蒸气所占的空间有多大呢？

准备材料：

需在成人陪同下进行

- 量杯
- 计时器
- 厨房电子秤
- 小玻璃杯
- 电热水壶
- 尺子
- 便利贴

实验步骤：

1.把电热水壶靠着墙壁放置，在墙面距水壶嘴上方50cm的位置贴一张便利贴。

2.测量并记录下壶嘴的宽度。

3.向壶内加1L水。

4.电热水壶先不要连接电源，先用厨房电子秤称重。

5.将电热水壶从电子秤上拿下来，插好电源，开始烧水。

6.在加热的过程中，水蒸气会逸出。从水蒸气逸出时开始计时。

7.估算水蒸气上升至50cm的标记处所需要的时间（记录水蒸气从壶嘴上升到标记处的时间，可反复实验）。

8.待水烧开，电热水壶自动跳闸时，停止计时。

9.拔下电源，再次测量水和水壶的质量（小心，避免烫伤）。用步骤4中水和壶的质量减去本次测量的结果，计算出蒸发掉的水的质量。

10.将电子秤的读数清零，将玻璃杯放在电子秤上。

11.向玻璃杯中倒入与蒸发量等重的水（详见步骤9）。

12.将玻璃杯中的水倒入量杯，得到的数值就是蒸发掉的水的体积。

分析：

计算烧水过程中产生的水蒸气的体积，可参照如下公式：

水蒸气的体积=壶嘴面积×

水蒸气的逸出速度×煮沸时间

我们知道，减少的水的质量等于被蒸发的水的质量。那么，现在我们可以根据正圆的面积来估算出水壶嘴的面积，即 π ×半径×半径。其中 π 的值大约是3.14，半径是直径 d 的一半（参照图解）。假设壶嘴的半径是1.5cm，那么，其面积就是：$3.14 \times 1.5\text{cm} \times 1.5\text{cm} \approx 7.1\text{cm}^2$。

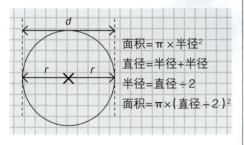

面积= π ×半径²
直径=半径+半径
半径=直径÷2
面积= π ×（直径÷2）²

接下来，计算水蒸气逸出水壶的速度。可参考如下公式：

速度=距离÷时间

根据上面的分析，包括水从加热到沸腾所需的时间在内，我们已经得到了求水蒸气的总体积所需要的全部条件，即秒表记录的水煮沸所需的时间、水蒸气逸出的速度（水蒸气每秒钟逸出的速度），以及壶嘴的面积。三者的乘积即为水蒸气的总体积。

和蒸发掉的水量相比，水蒸气的体积是大还是小呢？通过计算（参照第140页），我们可知，后者比前者的体积要大上几百倍。

（答案见第140—141页）

这是什么原理呢？

烧水的过程中，会产生水蒸气。和被蒸发掉的水量相比，水蒸气的体积要大很多。但因为其中有几个假定的值，所以我们所求得的结果并不是十分精确的，会有误差。想想看，壶嘴是正圆的吗？蒸汽的运动速度会一直保持一致吗？每秒钟产生的蒸汽量能是恒定的吗？估算水蒸气的速度这么容易吗？当然不会这么容易，因此，每一个估算的数值都会对计算结果的准确度有轻微的影响。

发现：制作爆米花

阅读了第16—17页的内容，我们了解到，当水被加热到100℃时，产生的水蒸气比蒸发掉的水的体积增加了数百倍。而从0℃上升到100℃，液态水的总体积变化并不大，只会减少一点。设想一下，如果产生的这些水蒸气逸不出来，会发生什么状况呢？

水蒸气是气体的一种，和周围的空气混合在一起。参照理想气体状态方程（详见第15页）：

压强×体积=
常数×气体物质的量×温度

根据这个公式，我们可以知道玉米粒内部的蒸汽温度为100℃时，玉米粒内发生了什么。玉米粒就好像是一个密闭的气缸，体积不会发生改变。当温度上升至100℃时，玉米粒内部的蒸汽增加，若体积仍保持不变，那么"气缸"内部的压强就一定会增加。

而在水变成水蒸气的实验中，水沸腾时，从液态变成了气态，压强保持不变。（这是因为水壶是一个开放式的容器，蒸汽可以从壶口逸出，所以其内部的压强和外部的压强是一样的。）

玉米粒爆开

嘭！

如果空气和水蒸气混合物的体积保持不变，那么会发生什么呢？换言之，如果实验中的水壶没有壶嘴，是密封的，水蒸气逸不出来，那么会出现什么情况呢？由于水蒸气不能向外释放，水蒸气的体积在不断增加，所以水壶内部的压强也在增大。在这种情况下，如果水壶不够结实，就可能会爆裂。因此，电热水壶带有壶嘴的设计是十分必要的。

压力锅

和烧水一样，在玉米粒被制作成爆米花的过程中，玉米粒的内部也会发生这样的状况。当玉米粒受热后，其内部少量的水分就会蒸发，变成水蒸气。蒸汽不断增加，玉米粒内部的压强也逐渐增大，直到玉米粒的外壳承受不住的时候，其表面最薄弱的地方就会膨胀爆裂。此时，蒸汽迅速扩散，玉米粒中的淀粉和蛋白质迅速膨胀，就这样，玉米粒从一种坚硬、密度较高的物质变成了一种轻而软的美味零食。

发现：制作爆米花需要的压强

玉米粒的外壳坚硬，很难剥开。那么，在制作爆米花的过程中，要使玉米粒爆裂制成爆米花，需要多大的压强呢？我们可以结合这个实验，并回忆之前制作爆米花的实验来寻找答案。

准备材料：

· 一包微波炉专用玉米粒（微波爆米花）

· 微波炉

· 厨房电子秤

需在成人陪同下进行

实验步骤：

1.准备一包未加工的微波爆米花，称重。

2.根据说明制作爆米花，做好后从微波炉中取出，小心地撕开袋子释放蒸汽（高温危险，需成人帮忙和监督）。

3.给整包爆米花称重。

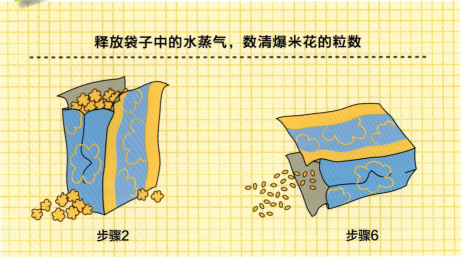

释放袋子中的水蒸气，数清爆米花的粒数

步骤2

步骤6

4.将所有爆米花倒出，将爆开和未爆开的分开。为空包装袋称重。知道包装袋的质量后，就可以计算出爆米花加工之前和加工之后的质量了。

5.用未加工的爆米花质量减去空袋子的质量，即为爆米花在烹饪前的质量。同样地，用加工好的爆米花的质量减去空袋子的质量，即为爆米花制作完毕后的质量。这两个值的差就是逸出的水蒸气的质量。

6.数出没爆开的爆米花粒数，将每粒的质量估算为0.16g，计算没爆开的玉米粒的总质量。再从加工完毕的爆米花总质量中减去这一部分的质量，得到的就是爆开的爆米花的质量。

7.根据爆开的爆米花的粒数，可计算出每粒爆米花的质量约为0.14g。

压强

现在，我们知道产生的水蒸气的质量，以及制成的爆米花爆开的数目，也就可以计算出一粒爆米花所产生的蒸汽的质量了。接下来，计算未爆的爆米花（即玉米粒）的体积。因为测量这么小的物体难度很大，所以我们可以把20个玉米粒排成一排，以厘米为单位，测量它们的总宽度，然后除以20。求每个颗粒的体积，可参照求球体体积的方程：

球体的体积=4×π×半径³÷3

假设玉米粒的半径为0.5cm，那么它的体积为：

**4×π×(0.5×0.5×0.5)÷3=
4×3.14×0.125÷3≈0.52 cm³**

我们已经了解到，理想气体状态方程为：压强×体积=常数×气体物质的量×温度。一般情况下，爆米花爆开的温度为176℃，即这个公式中的温度为已知量。公式变形为：

**压强=每个爆米花产生的水蒸气的质量(g)×温度(℃)÷
玉米粒的体积(cm³)**

将每个已知量带入方程中，即可得到每个爆米花爆开所承受的压强（可参照第141页的计算示例）。若你得到的数值是2，即爆米花内部所承受的压强是你周围空气压强的2倍（标准大气压）。需要注意的是，海拔越高，气压越低，所以，如果你居住在高海拔地区，如美国的丹佛，那么，你周围的气压就会比标准大气压低20%左右（答案见第141页）。

了解：跷跷板等式

物理学是围绕着公式展开的，就像跷跷板保持平衡的原理一样，公式是通过几个物理量之间的变化关系来保持等式两端的平衡的。理解了这一点，我们就可以回答诸如此类的问题。如：如果汽车的速度增加了，还有什么值会改变？

等式"挑战赛"

2009年，牙买加短跑运动员尤塞恩·博尔特打破了男子100米赛跑的世界纪录，其成绩为9.58秒。他在比赛中的平均速度可以用以下公式计算：

速度=距离÷时间

所以，他的速度为：100m÷9.58s≈10.4m/s，即尤塞恩·博尔特的平均速度为10.4m/s。

其实，这之前的百米世界纪录也是由尤塞恩·博尔特创造的，为9.69s。那么当时他的平均速度是多少呢？

速度、时间和距离

要弄清楚速度、距离和时间三者之间的关系，我们可以参照下面的图解：

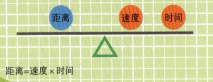

距离=速度×时间

要使跷跷板两端保持平衡，左右两边的"重量"必须相等。以尤塞恩·博尔特曾经9.69s的纪录为例，他跑的距离是100m，我们把这个"重量"放在跷跷板的左边。为了使跷跷板保持平衡，我们需要把时间9.69s和速度10.3m/s两个"重量"放在跷跷板的右边。

距离=速度×时间

100m≈10.3m/s×9.69s

尤塞恩·博尔特在2009年的百米速度更快，也就是说跷跷板左边的"距离重量"保持不变，右边的"时间重量"减少了。如果要使跷跷板继续保持平衡，那么速度就必须要增加。

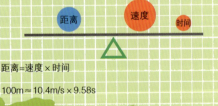

距离=速度×时间

100m≈10.4m/s×9.58s

压强、体积、温度和气体

跷跷板图解也可以应用于气体的相关等式。

压强×体积=常量×气体物质的量×温度

压强×体积=气体物质的量×温度

通过前文的相关内容，我们可以知道，气体在一个密闭的气缸内被加热将会产生的现象——气体受热后，温度升高。

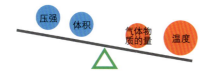

压强×体积=气体物质的量×温度

温度上升，跷跷板失去了平衡

随着温度的升高，跷跷板向右倾斜。为了使跷跷板保持平衡，有两种办法：一种是让左边的"重量"增加，另一种是让右边的"重量"减少。由于气体是在固定体积的气缸内被加热，加热后气体物质的量并不会发生变化，所以唯一可以改变的就是压强。也就是说，若压强增加，跷跷板就会平衡。

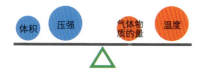

体积×压强=气体物质的量×温度

温度升高，压强增加，跷跷板平衡

下面有4个跷跷板图解，试试看，你能不能根据描述找到对应图片和等式（答案见第141页）。

· 玉米粒被加工成爆米花的过程中，玉米粒内部的水蒸气增加，温度升高，玉米粒的体积不变。

· 热气球内部的气体温度下降，压强不变，气体物质的量不变。

· 将气球继续吹大，其内部的气体温度保持不变。

· 打开一瓶汽水的时候，你会发现里面冒出很多气，瓶内气体的温度保持不变。

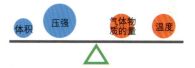

体积×压强=气体物质的量×温度

温度和气体物质的量增加，压强增加，跷跷板平衡

体积×压强=气体物质的量×温度

气体物质的量减少，压强变小，跷跷板平衡

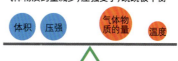

体积×压强=气体物质的量×温度

气体物质的量增加，压强和体积增加，跷跷板平衡

体积×压强=气体物质的量×温度

温度降低，体积减小，跷跷板平衡

（答案见第141页）

实验：热气球"升空"

被加热或冷却的气体，都会以某种方式发挥作用。几个世纪以来，人们利用这一原理，发明和制造了可以在空中飞行以及水中航行的交通工具。热气球便是其中的一种，热气球升空利用的是加热气体，使气体膨胀而上升的原理。

准备材料：

· 厨房用的塑料垃圾袋（完好不要有破损）
· 吸管
· 胶带
· 剪刀
· 电吹风
· 两个气球
· 冰箱

制作一个热气球

热气球主要由两个部分构成：一个是装有气体的大袋子叫作球囊；另一个是加热球囊内气体的加热装置。在实验中，我们将塑料袋作为球囊，将电吹风作为加热装置。

塑料袋的开口需要保持敞开状态，以便电吹风可以有效加热其内部的空气。

实验步骤：

1.用胶带把吸管粘在塑料袋的开口部位，使塑料袋口呈多边形，这样可以有效地使塑料袋口保持张开状态，不会闭合。

2.一只手拿着塑料袋，使其开口朝下；另一只手拿着电吹风，垂直对准塑料袋的开口。

3.将电吹风的热风开启到最大，这时，塑料袋开始膨胀。如果松开塑料袋，你会发现它上升并飘浮在空中。在这种情况下，你能利用电吹风使塑料袋在空中飘浮多长时间呢？若把电吹风的工作档位调到最大冷风，塑料袋还会继续飘浮在空中吗？

需在成人陪同下进行

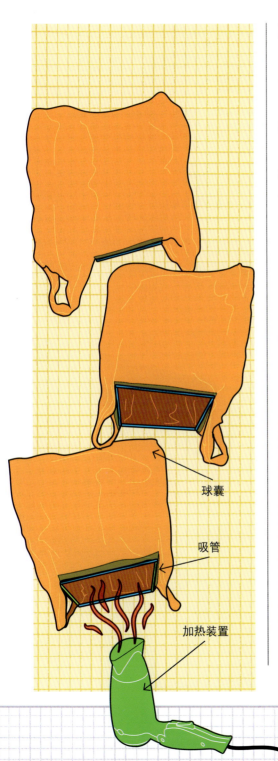

球囊

吸管

加热装置

冷冻气球

气体在不同温度下的"表现"不同。

实验步骤：

1.将两个气球吹至同样大小，将开口系紧。给两个气球做好标记，或选择不同颜色的气球以便区分。

2.将一个气球置于冰箱内4小时，另一个气球常温放置。

3.待4小时后，将冰箱中的气球取出，和另一个气球对比大小。然后，将两个气球同时置于室温中1小时，再次比较它们的大小。

这是什么原理呢？

当气体被加热时，温度升高。为了使等式保持平衡，则体积也要增加。当塑料袋中的空气膨胀时，密度降低，这些热空气就会上升。因此，用电吹风的热风加热塑料袋内的空气时，空气温度会很快上升，很容易使塑料袋向上飘浮。

当气体温度降低时，体积减小，这也正是冰箱里的气球比室温下放置的气球小的原因。当冰箱里的气球被放至室温下，体积又会逐渐增加，因此，两个气球又会变成相同大小了。

了解: 水的固态（s）、液态（l）和气态（g）

水是个"多面手"，它有固态、液态和气态三种形态。虽然这三种不同的形态都是水，但其分子的活跃程度却不一样。以这三种形式存在的水都是我们日常生活的"必需品"，比如在烹饪过程中，"水"是必不可少的。

快问快答：固态、液态还是气态呢？

你能根据以下描述来判断它是属于哪种形态的特性吗？是固态、液态还是气态呢？这些特性被分为若干组，每一组里都包含了固态、液态和气态，并分别描述出三种形态的不同特性。

1. a. 分子没有固定的形状，不易聚拢在一起。

1. b. 分子按固定模式有规则地排列。

1. c. 分子没有固定的形状，但通常都会聚集在一起。

2. a. 分子排列紧密。

2. b. 分子之间的间距很大。

2. c. 分子排列紧密，且具有流动性。

3. a. 分子不能随意运动，只能围绕各自的平衡位置做振动。

3. b. 分子可以自由移动，但不会和其他分子分散或远离。

3. c. 分子可做自由运动，向任何方向都可以快速运动。

4. a. 这类的代表物质有水、油和火山岩浆。

4. b. 这类的代表物质有空气、水蒸气和氦气。

4. c. 这类的代表物质有沙子、木材和橡胶。

5. a. 其形状随着容器的变化而改变，但体积保持不变。

6. a. 加热后会沸腾。

5. b. 其形态发生改变，形状才会变化。

6. b. 加热后会膨胀或压强增大。

5. c. 其形状会随着容器的变化而改变，但体积会扩散并填满整个容器。

6. c. 加热后体积会轻微变化，逐渐融化。

7. a. 如果用锤子敲击它，不会发生什么变化。

7. b. 如果用锤子敲击它，物质只有和锤子接触时才会移动。会有波纹出现。

7. c. 如果用锤子敲击它，整个物质都会移动。

（答案见第142页）

第二章
电磁波和电磁

发现

了解

实验

发现：电和磁

电和磁在日常生活中一直都在被广泛应用。电为我们的生活提供便利，家里的各种电子设备都离不开它。磁力被广泛地应用于各种电动机和发电机中，就连冰箱门的闭合也是磁力的功劳。

电和磁是同一现象的两个部分，统称为电磁，科学家们花了很长时间才得出这一结论。物质带有的电荷，分为正电荷和负电荷。两个带电物质之间会给对方施加作用力。如果它们的电荷相同（都是正电荷或都是负电荷），就会相互排斥；如果它们的电荷是相反的（一个带正电荷，另一个带负电荷），就会相互吸引；如果其中一个物质不带电，那么它们既不会互相排斥，也不会相互吸引。

放电现象：闪电

当一个带电物质从一个地方移动到另一个地方时，由于受到周围其他带电物质的影响，它的能量会发生变化。

地球磁场

在长达几个世纪的时间里，人们都使用指南针来辨别方向，而指南针能够指示方向正是因为地球磁场的缘故。地磁来自地球中心大量带有磁力，状态类似岩浆的液态物质。当地球自转时，这种液体也会随之转动，使地球成了一个巨大的"条形磁铁"，它的两个磁极分别靠近地理的南极和北极。因此，磁极以地球的两极命名。

磁性的原理是什么呢?

当一个带电物质移动时,它的周围就会产生磁场。带电物质的南极和北极,就像是正电荷和负电荷,会与周围的其他磁体产生相互作用。带电物质的北极总是会指向其他磁体的南极,这也正是指南针的原理。地球本身具有磁场,地磁南极靠近地理北极。如果你拿起指南针,轻轻地摇晃它,或者旋转它,它始终都会指向北方。

例如,下雨天电闪雷鸣的时候,云层中大量的带电粒子冲向地面,它们蕴含着巨大的能量。在到达地面后,这些能量就几乎消失了。这些能量在释放的过程中,产生了大量的光能(闪电)、声能(雷鸣)和热能。大树被闪电击中时,所产生的能量足以将大树烧毁。

闪电到底能释放出多大的能量呢?这取决于许多不同的因素。能量的转换可以用电位差来测量,也就是我们常说的电压。电压指的是带电粒子在静电场中从一个地方移动到另一个地方所产生的能量差。当我们使用一台240V的烤面包机时,带电粒子通过面包机释放出240个单位的能量,这种能量的单位叫作电子伏特,它非常小。要将面包烤好,则需要大量的电子释放足够的能量。

实验：厨房里的电和磁

电和磁能使物体移动。我们生活中常用的小物件和机器几乎都或多或少与电和磁有关，静电和磁铁就是我们身边跟电和磁相关的最简单的例子。

实验1：静电

准备材料：

- ·气球
- ·厨房不锈钢水槽，或大的金属托盘
- ·各式纤维织物（毛毡、涤纶等）和头发
- ·纸巾
- ·剪刀
- ·直尺

实验步骤：

在这个实验中，我们将会对几种纤维织物产生静电的不同效果进行对比。

1.将纸巾剪成一个个小正方形，边长1cm左右。

2.确保厨房水槽完全干燥，将小纸片放入水槽内——这样纸片就相当于接地了，也就是说，这些小纸片在单位面积上都带有同样的电荷。

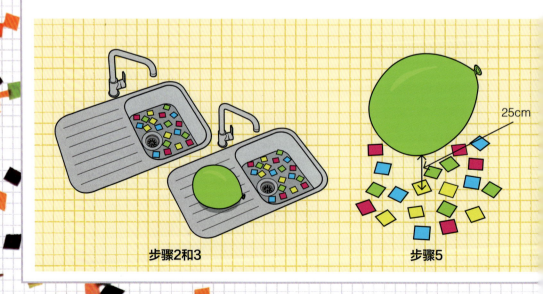

25cm

步骤2和3　　　　　　　　　　　　　步骤5

3.将这些小纸片取出放在桌子上。给一只气球充好气后，在水槽的表面进行摩擦，使其接地。

4.将小纸片平铺在桌面上，避免重叠。

5.将气球放置于小纸片上方约25cm处。逐渐地降低气球的高度，直至距离桌面约2.5cm的位置，观察此时是否有小纸片被吸附在气球上。结论是，因为气球和纸片都与厨房水槽表面充分接触过，所以没有纸片会被吸附到气球上。且无论所带的是正电荷还是负电荷，它们每单位面积所带的电荷数是相同的。

6.接下来，将气球在自己的头发上摩擦5次。再一次将气球放置于小纸片上方约25cm处。逐渐地降低气球的高度，直至距离桌面约2.5cm的位置。这时，你会发现，有些小纸片跳起来吸到气球上了。

7.观察并记录第一片纸片被吸附到气球上时，气球距离桌面的高度。同时也记录一下气球最终吸起了多少片纸片。

步骤6

8.使用其他的纤维织物代替头发来重复此实验。首先将毛毡、涤纶、地毯或棉布等物品放在干燥的水槽中，再用气球和实验的布料进行摩擦。每一个实验，都要记录下气球共吸附了多少片纸片，以及第一片纸片被吸附到气球上时，气球距离桌面的高度。结果会发现，虽然每次实验使用一个新的气球和不同的纤维织物摩擦后，都会有纸片被吸附上来，但实验结果会因织物的不同而有所差异。

这是什么原理呢？

当你在织物上摩擦气球时，一些电荷会从织物移动到气球上。也就是说，气球和小纸片相比，前者整体带负电荷，后者整体带有正电荷。也正因为它们带有相反的电荷，所以才会相互吸引，使小纸片"跳"到气球表面上。

实验2：磁场
准备材料：

· 三块条形磁铁
· 纸或薄纸板
· 铁屑（文具店或网上有售）
· 四本书
· 玻璃瓶或马克杯

实验步骤：

1.把书分成两排，每排两本，将一张纸或一张薄纸板的两端，分别搭在两排书上，就像是搭成了一座桥。纸一定要铺平，有需要的话，可以在纸的两端再用一本书压住。

2.将一块条形磁铁放置于纸的下面，对准纸的中心位置。将铁屑倒在纸上，轻轻抬起纸的一端，使铁屑移动，观察会有什么现象发生。铁屑会

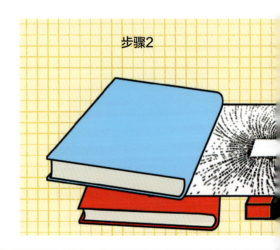

步骤2

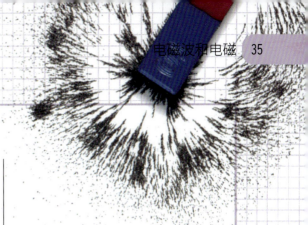

形成什么形状呢？如果用两块条形磁铁，分别放在靠近两摞书的位置，又会发生什么现象呢？你可以使用不同形状的磁铁来进行实验。

3.把玻璃瓶瓶口朝下倒放在桌子上，在其顶端放一块磁铁。两只手各拿一块磁铁，平行于第一块磁铁，使它们处在同一水平高度。将两块磁铁水平移动到适当位置，既能使第一块磁铁继续保持在玻璃瓶上，又可以保证当移动另外两块磁铁时，玻璃瓶上的磁铁会轻微地移动。将手中的两块磁铁抬高15cm，并将其中一块的两极调换位置。上下移动两块磁铁，当它们中的一块与玻璃瓶平行，另一块高于玻璃瓶15cm的时候，你能使玻璃瓶上的磁铁旋转吗？

这是什么原理呢？

磁铁周围可以产生磁场，铁屑会随着磁场呈线性排列，就像指南针的指针指向北方一样。移动磁铁，会产生新的磁场，铁屑也会随之改变排列的形状。

通过上述实验，我们不难发现：让另外两块磁铁中的一块转圈移动时，玻璃瓶上磁铁的北极也一直在随之保持移动，以指向正确的方向。

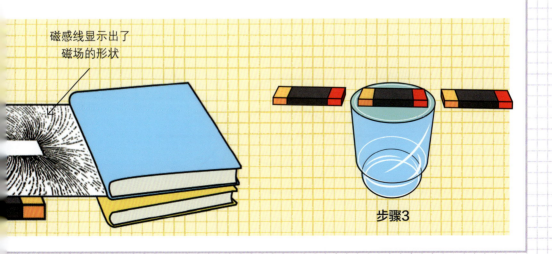

磁感线显示出了磁场的形状

步骤3

了解：电和磁

通过电和磁场，我们了解到了电和磁是如何对物体产生影响的。下图的线条，显示的是在电和磁的作用下，带电物体或磁性物体是如何反应，以及朝哪个方向移动的。

电场

正如在前文中了解到的，带电物体会被其他带有相反电荷的物体吸引，或被带有同种电荷的物体排斥。因此，带电物体在附近有其他带电物体时，就会产生移动。下图中的线条描述的就是电荷的移动情况（由正电荷出发，止于负电荷）。正电荷随着箭头的方向移动，负电荷朝着与箭头相反的方向移动。

在下图中，我们可以看到偶极子。所谓的偶极子指的是相距很近，但符号相反的一对电荷。电场可以用电场线来表示，电场线的方向起始于正电荷或无穷远处，终止于负电荷或无穷远处。电场线是永远不会相互交叉的。在一个给定的区域内，电场线越多，电场强度也就会越大。

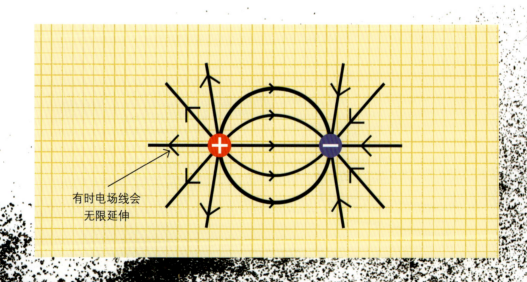

有时电场线会
无限延伸

快问快答：磁感线

1.下面这组图中，矩形表示磁铁，圆形表示带电物体。磁感线都是从（磁体）北极（N）出来进入南极（S），或是从正电荷出发止于负电荷（带电物体）。请标出磁铁的南北极，以及物体的正负电荷。

2.下面这组图中，物体的正负电荷已经标出，但未画出电场线，试着将它们补充完整。注意电场线的切线方向是由正电荷走向负电荷的。每幅图中都带有一颗星星，如果将带有正电荷的物体置于星星处，那么这个物体会被电场力牵引向哪个方向呢？

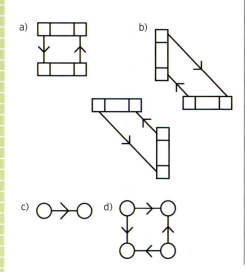

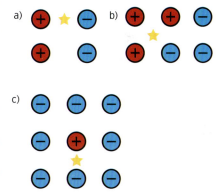

3.下面这组图中标明了磁铁的北极和南极，但没有磁感线，请将磁感线补充完整。每幅图中都有一颗星星，如果将一个指南针置于星星所在的位置，那么指南针会指向哪个方向呢？

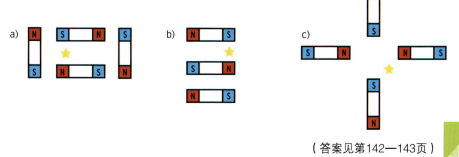

（答案见第142—143页）

发现：什么是波

物质或能量有规律的运动被称为波。这种物质可能是空气或水，也可能是运动着的绳子或物体，还有可能是声音或光。波就在我们的身边，有一些波是可见的，也有一些波是看不见的。

正弦波是一条平滑起伏的连续曲线，可以显示出多个不同的数值。例如，一天中的气温，或汽车行驶过程中的速度，都是起伏变化的。因此，可以用正弦波来表示这样的变量。

这类变量是有频率的。波的频率指的是波在单位时间内完成周期性变化的次数。波的速度与波长以及频率有关：

波速=波长×频率

频率指的是单位时间内波上下移动（振动）一个周期的次数。波长指的是两个波峰或两个波谷之间的距离。波有不同的速度，也有不同的应用，波可以高效地传输信息。例如，用手机接发信息，就是波的一种应用。

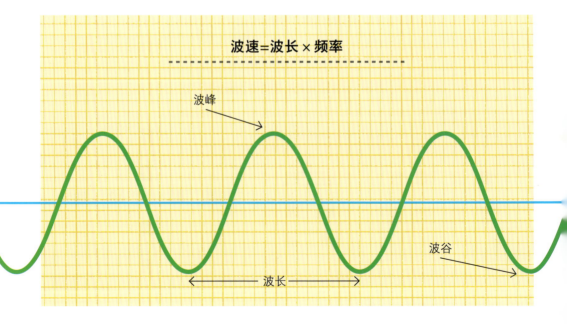

波速=波长×频率

波峰

波长

波谷

波和音乐

乐器产生振动并在空气中传播，这种形式叫作声波。当空气振动的频率高时，声音就高；而当空气振动频率低时，声音就低。吉他等弦乐器，通过琴弦的振动，来使空气振动而发声的。

谐波

当琴弦被拨动时，琴弦上会产生不同波长的振动。这些振动使琴弦上下波动，并在很小的幅度上使琴弦前后伸缩。若振动的波长与琴弦完美匹配，则琴弦上下波动和前后伸缩的幅度将会达到一致，这会让振动变得更强。而对于其他波长的振动，琴弦上下波动和前后伸缩的幅度无法匹配，而且这些不同波长的振动最终也会相互抵消。数秒后，使琴弦继续运动的便只剩下波长完美匹配琴弦长度的振动了。

完美匹配吉他琴弦的振动波长称为谐振波长，其中波长最长的谐波称为一次谐波。所有的乐器都有多个谐振波长，因为波长为一次谐波一半的振动同样能完美匹配琴弦。同样的原理也适用于其他类型的乐器。例如，长笛的谐振波长就需要完美匹配笛管的长度，而木琴的谐振波长就需要完美匹配木块的长度。

波分为两种，即行波和驻波。行波会从一处传播到另一处，例如，从乐器传播到人耳的声波就是行波的一个典型例子。而驻波则会限制在一处，吉他琴弦上的振动就是驻波的一个典型例子，虽然琴弦的每一部分都在不停振动，但琴弦本身仍被两端固定在原处。

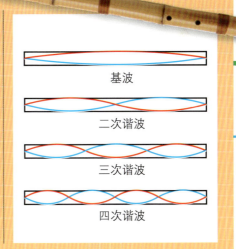

基波

二次谐波

三次谐波

四次谐波

实验：制作波

想要知道什么是波，以及波是怎样传播的，最简单的方法就是自己制作"波"。在这组实验中，我们将会制作免钉胶球、水和声音的"波"。一边做实验一边思考：我们的周围还有哪些波呢？

免钉胶球的"波"

在本实验中，我们将利用免钉胶球和线绳来制作波。首先，把免钉胶球粘在线绳上，再将这些球沿着线绳从一边摆动到另一边，随着线绳移动会出现波峰。使用胶带会使波看起来更加明显，因为球的运动方向和带条是垂直的。

准备材料：

· 10块黏土（大小足够制作直径为0.5cm的小球）

· 60cm长的线绳

· 胶带

· 重物（如砖块或厚重的书）

· 尺子

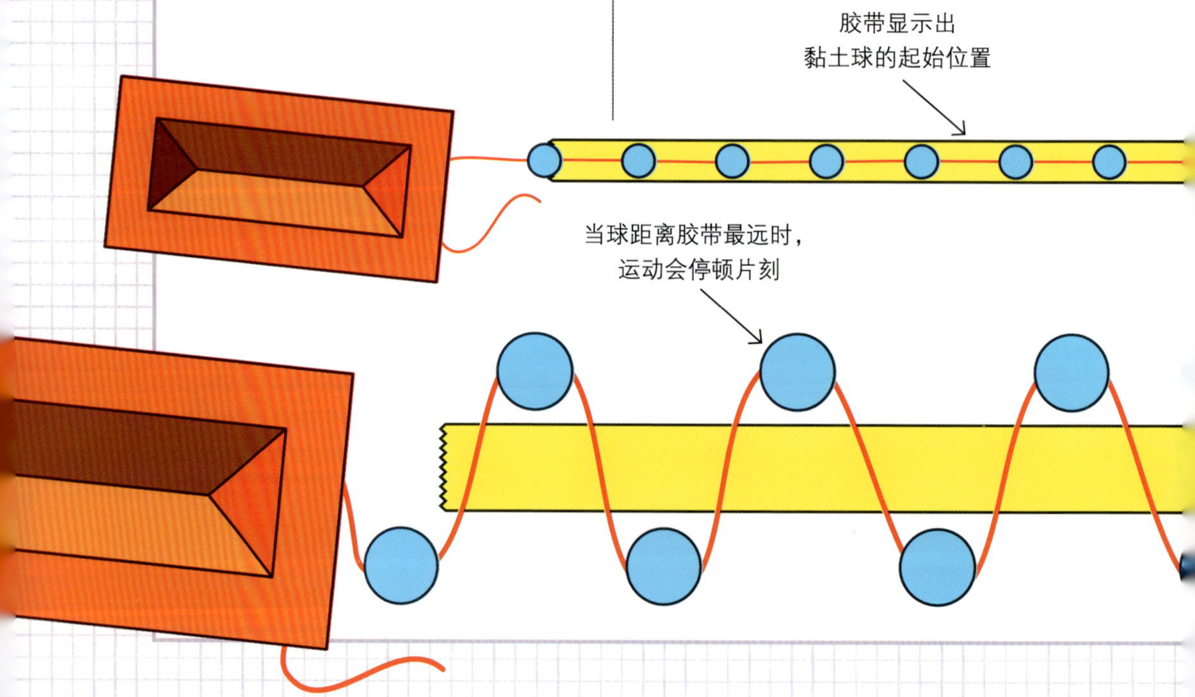

胶带显示出黏土球的起始位置

当球距离胶带最远时，运动会停顿片刻

实验步骤：

1.在线绳的一端打个结。

2.将黏土粘在绳子上，捏成近似于球的形状。每个球之间的绳长保持等距，小球一定要粘牢压紧，以保证它们在随着线绳移动时不会掉落。线绳的尾端留出几厘米。

3.将绳子的一端系在桌子上的重物上，也可以用一本或几本厚重的书压住绳子的一端。

4.将绳子拉紧，在桌面上沿绳子的下方贴一条和线绳等长的胶带，以便对比绳子静止和运动时的位置关系。

5.拽着绳子的自由端，摆动绳子，使它在初始位置的左右反复摆动。反复改变拽动绳子的速度，找出在什么运动速度下球运动得最快。线绳的运动轨迹会像跳绳一样，上下起伏。

这是什么原理呢？

通过上述实验，你会发现，当运动的速度适中时，球移动得更快，而且很容易保持运动的状态。球越过胶带时移动最快，离胶带最远时移动最慢。

重复实验过程，这次把球粘在绳子上时，使它们的间距都不一样。重复线绳的左右移动，看看球是如何移动的。球的来回移动是更容易了还是更难了呢？答案是：球的持续运动变得更难了。

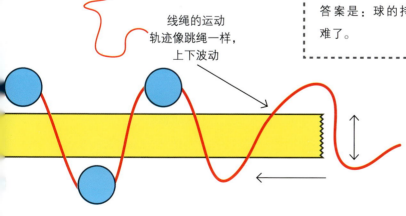

线绳的运动
轨迹像跳绳一样，
上下波动

水波

　　在这个实验中，你将通过使水在长方形的容器中来回波动，以获得水波。其原理类似于泳池用的造波机。

准备材料：

　　·水

　　·保鲜盒，至少20cm长，10cm宽，10cm高

　　·托盘（可以装下保鲜盒）

　　·硬纸板

　　·剪刀

　　·食用色素（可选）

　　·尺子

实验步骤：

　　1.将保鲜盒放在托盘上，以接住硬纸板在保鲜盒内移动时溢出的水。用剪刀剪一块和保鲜盒等宽，且高于保鲜盒5cm的硬纸板。

　　2.将硬纸板垂直插入保鲜盒。

　　3.向保鲜盒内倒入半盒水。为了使实验效果看起来更明显，可以将食用色素加入水中。前后移动硬纸板，此时水面会出现一些小波浪。可反复地进行实验，通过改变纸板的移动速度来观察水波的变化。

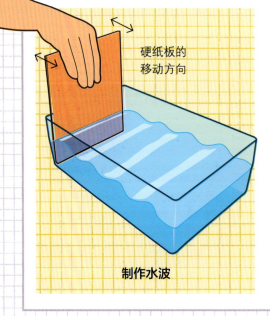

硬纸板的移动方向

制作水波

这是什么原理呢?

　　通过实验，你会发现，当你以某个速度移动硬纸板时，更容易产生波浪，且这时的波浪也是最大的。

　　水受容器规格和形状的限制，与容器形状完全吻合的波就是容器的谐波（关于谐波波长的更多信息，详见第39页）。制造谐波可能会花费一些时间，但是当你找到了合适的速度后，制作谐波也就轻而易举了。

声波

在这个实验中，你将用手指摩擦玻璃杯的边缘，使玻璃杯振动而产生声波。虽然我们看不到，但声波却是真实存在的。

准备材料：

·一只小高脚玻璃杯（杯壁不要太厚）

·水

实验步骤：

1.将高脚杯放在一个平面上，用一只手把它按牢。

2.将另一只手的食指沾湿，反复摩擦高脚杯的边缘。

3.手指沿着杯子的边缘平滑移动。移动过程中，保持同样的压力，不要太用力，也不要用力太轻，这样杯子才能发出声音。这个操作可能会需要多花些时间，多些耐心。如果你觉得很难，可以找成年人来帮忙。可以用几个形状和大小不同的玻璃杯，多做几次实验。也可以将不等量的水分别倒入这些玻璃杯中，看看这样是否会对产生的声音有影响。

这是什么原理呢？

当你用手指摩擦玻璃杯的边缘时，玻璃杯由于振动而发出声音。就如同弹奏吉他时（详见第39页），第一次谐波的产生是因为波长与弦完全吻合一样。对于玻璃杯而言，它们的形状和空杯盛了多少水是产生谐波的决定性因素。杯子里水量的变化会改变声音的大小——玻璃杯里加入的水越多，可用的空间就越少，音调就会越高。

玻璃杯边缘振动，而发出声音

制造声音

发现：电磁波谱

我们平时常见的光都是电磁波，可见光是电磁波谱的一部分。大部分的电磁波谱对我们来说是不可见的，但在某些情况下，我们却可以看见或感受到它们。

发现光是一种波

几个世纪前，英国科学家艾萨克·牛顿做了这样的一个实验：他在一束光前放置了一个棱镜，他观察到，白光被分解成不同的颜色，形成彩虹。这是因为光在玻璃中的传播速度比在空气中慢，且不同波长的光具有不同的颜色。当光线照射到棱镜上时，传播的速度就会减慢。光的传播速度与光的频率和波长的关系，可以用下面的公式来表示：

波速=频率×波长

在玻璃中，不同波长的波速度的变化是不同的，因此传播速度减慢的程度也不尽相同。当光的速度改变时，为了使公式保持平衡，光的波长会发生改变。这个过程被称为折射，也是光会改变方向的原因。不同波长的光传播方向有不同程度的偏折，因而在离开棱镜时就各自分散（彩虹色），形成光谱，这就是色散现象。

不仅有"彩虹色"

光不仅仅有彩虹色。除了我们能看到的颜色外，在彩虹的红色端，还有红外线、微波和无线电波。在彩虹的紫色端，还有紫外线、X射线和伽马射线。光谱的可见部分在整个电磁波谱中只占很小一部分。人类能看见的光的波长范围也很小。

艾萨克·牛顿

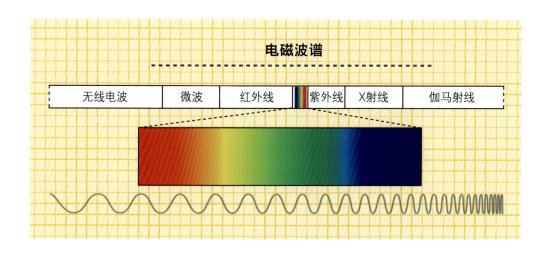

电磁波谱

| 无线电波 | 微波 | 红外线 | | 紫外线 | X射线 | 伽马射线 |

波谱的其他部分

电磁波谱的作用不言而喻，没有它们就不会有无线电波，也不会有用于远程控制的红外传感器，更不会有医院里的X线检查。

电磁波谱中的波与物质发生相互作用，会产生不同的效果。例如，当阳光照射到油的表面，会产生反射，在油的表面可以看到不同的颜色。当波遇到与其波长相同的障碍物时，波会改变方向，这就是所谓的衍射。在小范围内，X射线的衍射可以用来了解物质的结构。在更大的范围内，无线电波会在山区发生衍射，因此在山区信号就会减弱。

电磁波谱包含电场和磁场。像磁铁一样，电场和磁场可以使带电或带磁的物体发生移动。Wi-Fi（无线路由器）的工作原理就是这种效应最好的例子：Wi-Fi是一种用来发送信息的电磁波。生活中，电磁波的应用很广泛，就连电视遥控器都离不开它呢！

电磁波是由被称为光子的粒子组成的。频率低的光子比频率高的光子携带的能量少，这就是为什么红外辐射（频率比可见光低）让人感觉温暖，而紫外线（频率比可见光高）会导致晒伤的缘故。一般来说，高频电磁波的危害性更大，低频电磁波的危害性相对很小。例如，在一个满是移动电话和无线电波的房间里，人是安全的，但如果有对人体有害的高频辐射，如X射线，就一定要注意防护，与这种高频辐射接触得越少越好，尽量避免接触。

实验：制作一道彩虹

暴风雨过后，天空中常会出现彩虹。当阳光透过玻璃或照射在油的表面时，我们也可能会看见彩虹。这是因为不同颜色光的波长不同，不同波长的光分解的程度也不相同。

天空中的彩虹是由于太阳光照射到空气中的水滴，光线经过水滴被折射及反射而形成的。了解到这个原理，你就可以用水来制作属于自己的小彩虹了。

准备材料：

· 小玻璃杯

· 水

· 一张纸

· 强光手电筒（或者晴天时的自然光线）

实验步骤：

使用手电筒的实验：

1.向玻璃杯中倒入3/4的水。

2.把玻璃杯放在纸上，用手电筒照射玻璃杯。调整手电筒光的位置，直到纸上出现彩虹。但这种方法制作的彩虹可能会有点小。这个实验的效果在光线较暗的房间里会更加明显。

这是什么原理呢？

当光线通过水时，光线发生折射并分离出不同的波长（更多关于折射的信息，可参考书中第44—45页内容）。每一种波长都有独特的颜色，颜色是分散开的，经反射在纸上，就会形成彩虹。彩虹的形状取决于玻璃杯的形状和光线的角度。

第一道彩虹出现在光线照射在水面被折射和反射后。要得到第二道彩虹，光线则需要在水中反射两次，同时折射两次。发生第二次反射时，彩虹颜色的顺序与第一次相反，而且颜色也会弱一些。这是因为不是所有的光都会被反射，而能被反射两次的光就更少了。太阳光很充足，所以我们经常会看到第二道彩虹，而手电筒一般不会产生太强的光，因此不太容易制作出第二道彩虹。

使用太阳光的实验：

1.向玻璃杯中倒入3/4的水。

2.将玻璃杯放在一张桌子上，让太阳光能照到杯身的一半。将纸放在杯子的另一边，这样，纸上就会出现彩虹了。运气好的话，你或许还能在墙面上看见一道大的彩虹！试试看，争取制作出第二道彩虹（彩虹外侧昏暗）。

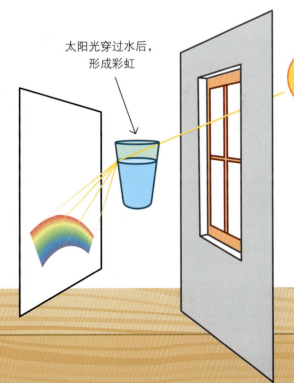

太阳光穿过水后，形成彩虹

了解：波的传播速度有多快

不同的波以不同的速度传播，波的传播速度是由许多因素决定的。当波在某种物质中传播时，这个物质被称为介质。

波通常在密度较大的介质（一束光透过两种相接触的介质，折射率大的为光密介质，小的为光疏介质）中传播速度比较快，因为大多数波实际上是分子在相互碰撞和传递能量，所以分子间距越近，波的传播速度就越快。波的最快速度是光在真空中的传播速度，这是因为光是一种非常特殊的波，它不需要介质。

快问快答：快速运动的波

试着按照速度从慢到快的顺序，排列下面这些波：

水中的声波：游泳或潜水的时候，你可能会发现，水下的声音会和我们平时听到的不太一样。声波在水下的传播速度更快，和正常的声音比起来，水下的声音会有些失真，这是因为声波在水中和空气中的波长是不一样的。

海洋中的水波：在海洋里，很多事物都会引起水波。比如，航行的船、游动的海洋动物等。持续时间最长的波浪是风吹过水面形成的，这些波浪可以传播数百千米之远。

光波：光随处可见，甚至在遥远的宇宙中也可以看到光。光速和传播的距离没有关系，所以无论是从你的手到眼睛这么近的距离，还是从月亮到你眼睛这么远的距离，光的传播速度都是一样的。

地震波：当地球上的板块与板块之间相互挤压碰撞，就会发生地震。地震时，地震波会穿过地球，一直传到地球的另一端。地震时我们最先感受到的波叫作纵波（P波）。

空气中的声波：声波很特别，因为它们在空气、水，甚至是固体里都可以传播，声波在光密介质中的传播速度会更快（所以声波在金属管道中的传播速度比在空气中要快）。当然，对于我们来说，最熟悉的还是空气中的声波。

（答案见第143页）

了解：可见光之外的光

电磁波谱的电磁波根据其不同的波长，各有不同的用途。短波可以应用于近距离或较小的物体，而长波可以应用于较大的物体。

随堂测验：电磁波谱

你能把电磁波谱的各种电磁波和它们的用途连接在一起吗？注意：有些电磁波的用途并不止一种。

电磁波：

1. 伽马射线
2. X射线
3. 紫外线
4. 可见光
5. 红外线
6. 微波
7. 无线电波

用途：

a. 扫描机场行李中的危险物品

b. 研究小块金属的结构

c. 拍摄人体内部器官的影像

d. 杀死医疗设备上的微生物

e. 查验伪钞

f. 检测几英尺之内是否有人

g. 热成像

h. 夜视照相机

i. 用微波炉加热食物

j. 手机和Wi-Fi的信号

k. 远距离信息传输

l. 全球定位系统（GPS）的信号

（答案见第143页）

发现：微波炉的工作原理

物理学给我们的生活带来了很多便利，微波炉的应用就是其中之一。微波炉可以快速而均匀地加热食物，其工作原理与传统的烤炉加热食物是完全不同的。

微波炉使水受热

微波是电磁波谱的一部分，其波长约为2.5cm。当带电物体前后移动时就产生了微波，即通过我们所说的振荡器来完成的。水波实验（见第42页）是观察微波形成过程的好方法，纸板相当于振荡器。无论是水波还是微波，波的形状都是由容纳它们的"容器"形状决定的。微波炉里使微波生成的"容器"叫作波导管。生成的微波有各种规格，而当波导管正好与振荡器吻合时，大量的能量就会传递到微波炉中。

微波炉的工作原理是选择与水分子相匹配的波长。这是什么意思呢？水分子是由一个氧原子和两个氢原子组成的。氧原子带有微弱的负电荷，氢原子带有微弱的正电荷。当受到微波的影响时，它们就会设法使电荷与微波一致。首先，波使分子朝一个方向移动接着朝反方向移动，然后再调转方向，循环反复，每秒钟循环数百

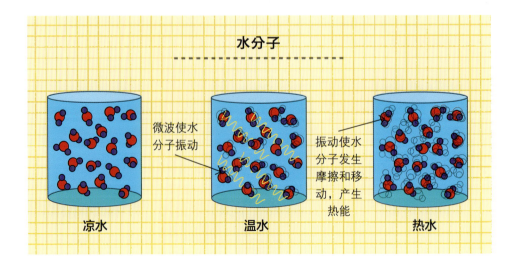

水分子

微波使水分子振动

振动使水分子发生摩擦和移动，产生热能

凉水　　　温水　　　热水

万次。因为热能是动能的一种形式，所以随着运动越来越剧烈，水温也会逐渐升高。也正是因为这种循环反复的"旋转"，微波炉才能够快速而均匀地加热食物。微波炉加热食物是从内向外的过程，而烤箱或烤面包机却恰恰与之相反，是从食物的外部向内部加热的，因此微波加热的速度更快。

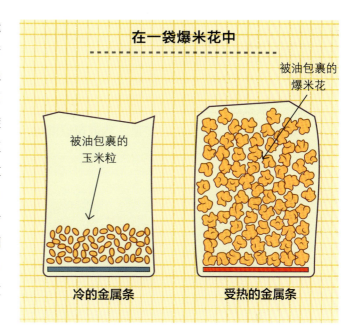

在一袋爆米花中

被油包裹的玉米粒

冷的金属条

被油包裹的爆米花

受热的金属条

用微波炉制作爆米花

　　微波爆米花的包装袋里有一种特殊的金属夹层。金属就好比是电子的"海洋"。原子在其内部紧密地堆积在一起，且通常排列成有明显规律性的空间结构，电子可以在里面自由移动。任何电磁波与金属碰撞时，电子就会四处移动，且可以匹配任何波长的电磁波，从而快速地聚集大量的能量（这也正是微波炉中不能使用金属器皿加热的原因：比较容易聚集能量造成高频电流，导致安全事故的发生）。

　　爆米花袋里还有少量的油，这种油受热也非常快。油吸收的热量不如水多，所以油温比水温的上升速度快得多。热量很快会被传递给玉米粒，使其内部的水分变成水蒸气。由于大量的水蒸气在有限的密闭空间内（玉米粒内部）产生，因此玉米粒很快就会爆裂。虽然可以用油来加工爆米花，但它并不是玉米粒爆开的决定性因素。

实验：微波和光速

微波是电磁辐射的一种，传播速度与光速相同。因为光速太快，所以很难直接测量出来。但是，我们可以间接地通过微波炉来测量光速。

准备材料：

- 微波炉
- 微波炉专用盘
- 一块黄油或一块巧克力
- 一包微波爆米花
- 剪刀

本实验可以先从波速的公式开始着手：

$$波速=频率×波长$$

微波炉中微波的频率是2 450MHz。如本书第50页所述，微波炉中的振荡器使电荷前后移动而产生微波。2 450MHz的频率，意思是振荡器每秒来回振动24.5亿次，而微波也以同样的速率来回运行。

为了测量微波的波长，你要制作一些微波，并找出微波炉里能量输出最大的区域。微波炉里有热点和冷点，为了使食物受热均匀，食物必须放在转盘上旋转加热。在这个实验中，需将旋转盘从微波炉里取出。

需在成人陪同下进行

实验步骤:

1.去掉黄油或巧克力的外包装,将其放置在盘子中间。

2.将盘子放在微波炉的中心,开小火加热一分钟。

3.观察黄油或巧克力是否融化,如果没有,继续加热一分钟。当黄油或巧克力开始融化时,关闭电源,将盘子取出(小心烫手)。

4.黄油或巧克力会在热点融化,热点之间的距离与微波的波长有关。测量两个热点中心之间的距离,把这个距离记为d。这就是微波波长的一半。

5.将d的值乘以2得到波长,再乘以频率(2 450MHz)得到就是微波的波速。你算出的波速是多少?如果你想把实验得出来的数据单位转换成km/h。那么,需要将波速除以100 000(cm/km),再乘以3 600(s/h),这样就可以了。一架商用飞机的飞行速度约为885km/h,与你测量的微波的波速(也就是光速)相比,商用飞机的速度是快还是慢呢?

这是什么原理呢?

微波炉的工作原理是制造微波,通过微波使食物中的水分受热来加热食物。微波炉产生的波被传送进入波导管(指用来传输无线电波的空心金属管),波导管中有热点和冷点。两个热点恰好相隔半个波长,即两个融化食物的区域之间的距离为微波波长的一半。随着微波炉不停地旋转,食物也在热点和冷点之间不停地旋转,均匀地吸收微波的热量,从而被均匀地加热。

知道了波长和微波的频率,就可以利用波的速度方程来计算微波的速度(见第44页)。这个速度与光速相同,大约比飞机的速度快100万倍。

热点出现在微波变化最大的地方

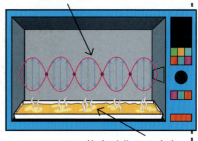

热点融化了巧克力

发现：发电

电无处不在，我们在生活中无时无刻都离不开它。从闹钟到飞机，电在日常生活中占据着非常重要的地位。电是一项现代化的发明，很难想象如果没有了电，世界会变成什么样子。

发电厂是如何发电的

指南针的指针总是一端指向南方，另一端指向北方。利用指南针指引方向时，指针会自由转动，直到与地球的磁场对齐。若将一块磁铁靠近指南针会发生什么情况呢？结果显而易见，指南针的指针会指向磁铁。如果拿着磁铁一直绕着指南针旋转又会发生什么情况呢？指南针上的指针一定会跟随着磁铁不停地旋转。由此可知，通过转动磁铁，我们可使指南针的指针保持转动。

不仅仅是磁性物体会对磁铁产生反应，电荷在磁场中也会发生移动（见第30—31页的提示）。如果在一根金属线旁上下移动一块磁铁，金属线中的电子就会随着磁铁而上下运动，这就是传统发电厂的工作原理。在电厂里，有一块庞大的固定磁铁，其内部有一个巨大的旋转线圈。当线圈旋转时，电荷受到磁铁的影响，开始移动，产生电能。这些电能可以用

风能发电

太阳能发电

来为各种机器和小装置提供动力。发电厂里转动线圈的装置就是发电机。

持续发电

要想持续发电，就要让发电机保持不停地旋转。虽然这听起来很简单，但实际运行起来却并不容易。例如，风力发电厂是利用风来转动巨大的叶片，从而带动发电机发电。风虽是我们生活中的"常客"，可利用它来持续发电就是另外一个故事了。就拿澳大利亚来说，风能发电所产生的电量只占澳大利亚总电能的8.5%左右。

澳大利亚近2/3的电力来自火力发电，即通过燃烧煤炭、石油和天然气这些化石燃料来获得电力。火力发电的原理是通过燃烧燃料产生蒸汽，利用蒸汽带动发电机发电。但用化石燃料发电有两个主要问题：首先，会造成污染；其二，化石燃料迟早会被用尽。除此之外，澳大利亚大约还有1%左右的电力来自燃烧木材和废弃物。

除了上述两种发电形式外，其他国家有核电站，但澳大利亚没有（更多关于核能的内容可参见本书的第四章）。核能发电和火力发电一样，都是通过蒸汽来发电，不同的是，核能发电不会污染空气。然而，核能发电所产生的核废料必须安全储存，否则也可能会引发安全隐患。

胡佛大坝

像美国的胡佛大坝这样的水坝是利用流水来驱动发电机发电的。这种发电形式所产生的电量，占美国电能总量的7%。

还有一种发电方式叫作太阳能发电。太阳能发电不需要发电机，而是利用由太阳能电池制成的特殊太阳能板吸收太阳能来产生电能。太阳能的工作原理和植物叶片的光合作用类似。当阳光照射到物体表面时，阳光就会转化成一些能量，比如，我们在阳光下会感觉到温暖就是这个道理。植物通过光合作用将热转化为能量，而太阳能电池则通过热能来带动带电粒子移动，从而产生电能。

了解：电路

　　几乎所有的电子产品都离不开电，它们通过电池或是电源来获得电量。无论哪种方式，原理都是一样的，都是通过电线传输来获取为数不等的电量。将电子产品的电线连接到电路中，就可以产生电能，使电子产品有效地做功——用烤面包机烤面包，就是我们生活中一个最常见的例子。

快问快答：电路

　　微波炉通电后，产生的电子会携带很多的能量，能量被释放后，低能电子返回电源输出口。在这个过程中，电子通过220V的电位差（或称电压 U），电位差就好比高度，当电子穿过一个很大的电位差时，就像从悬崖上掉下来一样，会释放出很多的能量。

　　单位时间里通过导体任一横截面的电量叫作电流（ I ）。假设电位差是220V，并且始终保持不变，那么电能转移率将取决于电流。电流在单位时间内做的功叫作电功率（ P ），用如下公式来表示：

$$P=UI$$

电流和电位差都与电阻（ R ）有关：

$$U=IR$$

电功率的单位是瓦特（W），电流的单位是安培（A），电位差的单位是伏特（V），电阻的单位是欧姆（Ω）。

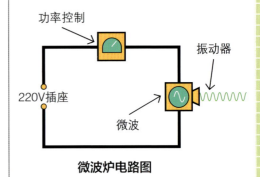

微波炉电路图

　　如果微波炉的额定功率是800W，电位差是220V，那么通过微波炉的电流是多少呢？微波炉的电阻又是多少呢？

　　假设你要慢速解冻一些冷藏肉，需要降低微波炉的功率。如果功率降低到原来的1/3，那么电阻该如何改变呢？

（答案见第143页）

了解：不同的发电厂

虽然你可能从来没考虑过关于电的问题，但不可否认的是，我们的生活离不开电，它存在于我们身边的每一个角落：看电视需要电，夜晚的路灯也需要电。可是，这些电是从哪儿来的呢？

可再生和非再生能源

发电的方法有很多种。例如，有一种发电方式是通过燃烧燃料产生蒸汽来带动涡轮机的叶轮转动，推动发电机来发电。有些发电的方法可以长久使用，因为它们消耗的是可再生能源。而有些发电方式则注定无法长久应用，因为它们所消耗的是非再生能源，终有一天，这些能源会被消耗殆尽。

一般来说，可再生能源比非再生能源产生的电量少，但随着技术的进步，这种情况正在慢慢改变。使用非再生能源发电会造成大量的污染或产生大量的废物，必须妥善处理。例如，燃烧燃料会释放出大量的二氧化碳，从而导致气候的变化。将来，为了既能保护环境，又可以持续使用电能，我们必须更有效地利用可再生能源来发电。

在澳大利亚，可再生能源的发电量仅占澳大利亚电力能源总量的20%多。为了提升这一比例，就必须有效地改进利用可再生能源发电的技术。

非/可再生能源

你能将下列电厂发电所使用的能源分类吗，哪些是可再生能源，哪些是非再生能源呢？

1. 燃煤电厂
2. 使用太阳能电池的太阳能发电厂
3. 风力发电厂
4. 燃油发电厂
5. 水力（流水）发电厂
6. 燃气发电厂
7. 固体废物焚烧发电厂
8. 潮汐能发电厂（利用海洋的潮汐）
9. 核电厂
10. 地热能发电厂（利用地球的热量）

（答案见第143页）

实验：制作电池电机

电可以用来照明，可以使计算机运行，可是电能是怎么转化成动能的呢？答案很简单，它和动能转化成电能的过程恰好相反。在这个实验里，你将会动手制作一个简易的电机。

准备材料：

· 5号或7号电池

· 金属螺丝

· 小块的钕磁铁

· 电线（长7.5cm左右）

· 胶带（可选）

需在成人陪同下进行

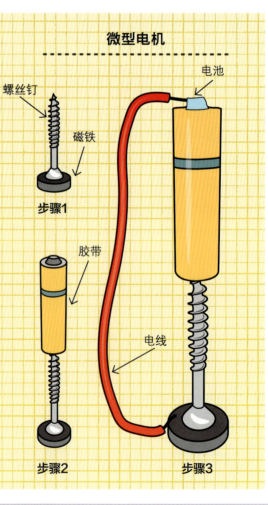

微型电机

螺丝钉

磁铁

步骤1

电池

胶带

步骤2

电线

步骤3

电机和发电机

发电机的工作原理是让线圈在磁铁附近旋转，而电机的工作原理正好与之相反。如果你有一个电源和一块磁铁，就可以把它们组合在一起，并且使某个物体转动。因为物理原理相同，所以如果你能让线圈在磁铁附近转动来发电，那么同样也可以利用电来使线圈在磁铁附近转动。

实验步骤：

1.将螺丝的平头放置在磁铁上。

2.将电池竖起，将螺丝的尖端连接到电池的负极，并用磁铁将螺丝钉固定。

3.将电线的一端与电池的正极相连（可以用胶带将其固定住）。轻轻地将电线的另一端与磁铁相连，看看会发生什么？

4.试着把磁铁上下位置颠倒，看看会发生什么现象。然后把电池的正负极颠倒，看看又会发生什么现象？

这是什么原理呢？

当把电线连到电池和磁铁上时，就形成了一个闭合电路，这使得电荷通过磁铁和螺丝钉在电路中流动。如前文中提到的发电机的发电原理，在磁铁附近旋转线圈会使电流流动；反之，让电流在磁铁附近流动，线圈就会旋转。在本实验里，螺丝钉就相当于线圈。

当你把磁铁倒过来的时候，磁场也倒过来了，因此，螺丝钉会朝反方向转动。同样，把电池的正负极颠倒，也会使电流流向相反的方向，所以螺丝钉同样也会朝着反方向旋转。

电机

电机有各种尺寸，用途也非常广泛，全世界都在使用电机。常见的装有电机的物品有：电动牙刷、风扇、食物搅拌机等。世界上最大的电机应用于大型船舶和工业管道之中。但不管是大到船舶电力推进装置的电机，还是小如电动打蛋器的电机，其原理都和你做的迷你电机是一样的。电路和磁铁结合在一起，可以使物体转动，利用这一原理，可以制造出各种各样实用的机器。

发现：什么是光

光是由什么构成的？对于现代人来说，这是一个很简单的问题。但在科技并不发达的年代里，这是一个困扰了科学家数百年的难题。光总是以一种意想不到的方式出现，它有时好像由波组成，有时又好像由粒子组成。

光表现得像波

雨后，有时天空中会出现彩虹。这是来自太阳的光照射到大气中的水滴上，被色散（复色光分解为单色光）成不同的颜色，从而在天空中形成了彩虹。如果光是波的话，那么你可以理解为：光线由于波长不同，而呈现出了不同的颜色。

由于不同颜色光线的波长不同，彩虹中的光呈现了不同的颜色

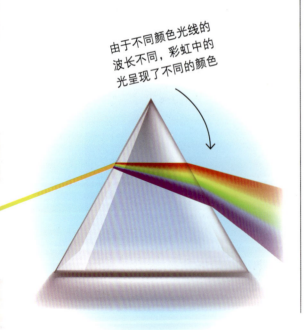

光表现得像粒子

如果夏天你长时间待在户外，需要涂抹防晒霜来保护皮肤，这是因为太阳光中的紫外线可能会引起皮肤晒伤。而如果你待在没有紫外线的室内，那么不管有多少光照在你身上，也不用涂抹防晒霜。那么，为什么坐在太阳下晒半个小时的人，会比被灯光照射12个小时的人更容易被晒伤呢？

这是因为太阳光中紫外线的波长要短于电灯灯光的波长，波长越短，就意味着能量越高。组成光的粒子被称为光子，而正是这些光子的能量造成了皮肤的损伤。当一个高能量（紫外线）的光子撞击到你的皮肤上时，它就像一粒子弹，会释放出它所有的能量，引起你皮肤的灼伤。而当一个低能量（可见光）的光子撞击到你的皮肤上时，光子会发生反射，不会对皮肤造成任何伤害。所以，从这个角度看，光表现得像粒子。

光以波和粒子的形式存在

为什么光有时表现得像由波组成的，有时又像由粒子组成的呢？最简单的理解方法是，把光看成是由光子组成的，光子聚集在一起形成了波，就像水分子构成水一样。我们看到的颜色就是光子的波长，是迷你的小波。随着光子向前移动，小波也从一边移动到另一边。当大量的光子一起运动时，光就会表现为像激光束一样的波。

科学家们研究单个光子，认为它会像粒子一样运动。但实际上，有时单个光子也会像波一样运动。那么，光到底是粒子还是波呢？人类对它的研究仍在继续。

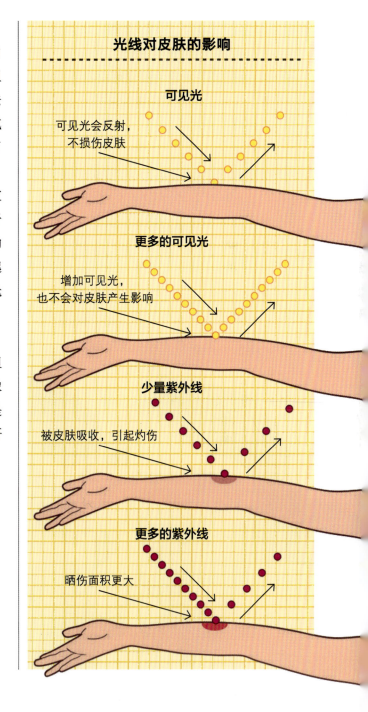

光线对皮肤的影响

可见光

可见光会反射，不损伤皮肤

更多的可见光

增加可见光，也不会对皮肤产生影响

少量紫外线

被皮肤吸收，引起灼伤

更多的紫外线

晒伤面积更大

实验：过滤光线

观看3D电影的时候，影院的工作人员会给观众配备一副特殊的眼镜。透过3D眼镜，观众可以看到立体的影像，这种成像原理既简单又神奇，实际上就是利用镜片来充当过滤器，过滤掉光线，然后通过人的视觉系统产生立体感。

电影院中的偏振光

当把信封投进邮筒时，你需要把信封与投递口对齐。如果投递口是水平的，那么就需要将信件水平放置并投入，这与光子通过滤光片是一样的道理：如果光子的小波与滤光片对齐，光子就会通过；如果光子的小波与滤光片成直角，光子就不会通过；如果小波与滤光片的角度在直角到水平之间，那么光子可能会通过滤光片，也可能无法通过滤光片；如果光子的小波与滤光片成45°角，那么它有50%的通过概率。当光子通过滤光片后，它将一直与滤光片保持水平。

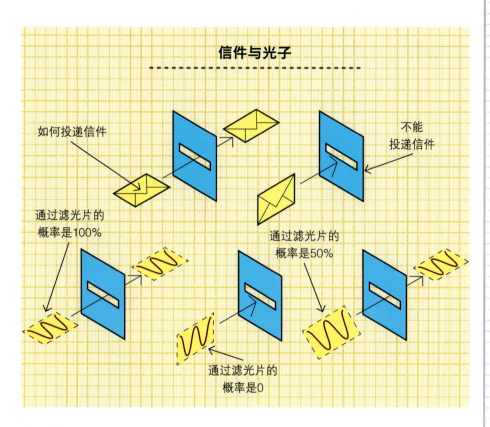

信件与光子

如何投递信件

不能
投递信件

通过滤光片的
概率是100%

通过滤光片的
概率是50%

通过滤光片的
概率是0

电影特效

在电影院观看3D电影时所佩戴眼镜的镜片，是一种特殊的滤光镜片（滤光片的原理上文中已经讲解过了）。这种镜片可以控制观众左眼和右眼看到不同的光线，经大脑结合后产生立体视觉，让观众认为所看到的不是平面屏幕，而是立体画面。我们左眼和右眼看事物的角度略有不同，这可以帮助你判断物体与你距离的远近，即所谓的深度知觉（详见第65页方框）。因此，若3D电影想展现出立体的影像，只需做到让观众左眼和右眼看到的画面不同即可。一部成功的3D电影所呈现出来的画面，会让观众觉得身临其境。而实现这个效果，最简单的方法就是当显示器输出左眼图像时，左眼镜片为透光状态，右眼镜片为不透光状态；而在显示器输出右眼图像时，右眼镜片透光而左眼不透光。

在本实验中，将会用滤光片来控制光线。把滤光片按照一定的方式放置，就可以做到既可以过滤一部分光的小波，又可以阻止其他的小波透过。

准备材料：

· 偏振片（例如3D眼镜镜片）
· 剪刀
· 胶带
· 一张白纸

实验步骤：

1.为了便于观察，在偏振片的一端粘上胶带。将偏振片剪成三片，使每片偏振片上都带有一块胶带。

2.将一片偏振片放在纸上。这时候，由于仅有少量的光线可以穿过偏振片，所以纸上被其遮住的部位会显得很暗。将第二片偏振片翻过来，放在第一片上。观察两片偏振片后面的白纸，它看起来和刚刚差不多。慢慢地移动第二片偏振片，使其和第一片

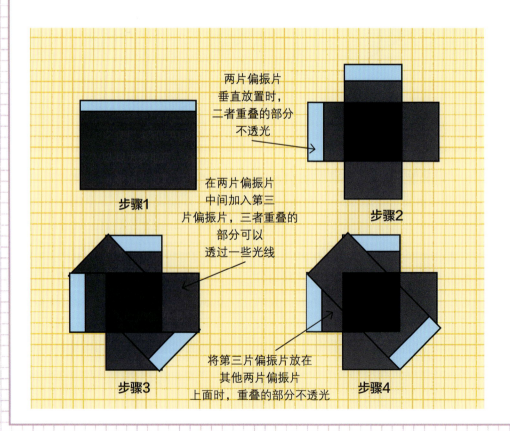

两片偏振片垂直放置时，二者重叠的部分不透光

在两片偏振片中间加入第三片偏振片，三者重叠的部分可以透过一些光线

将第三片偏振片放在其他两片偏振片上面时，重叠的部分不透光

步骤1

步骤2

步骤3

步骤4

呈直角。这时候，你会发现，当两片偏振片呈垂直状态放置时，二者重叠的部分便完全无法透光。

3.将第三片偏振片夹在前两片之间。慢慢旋转，观察光线透过三片偏振片的情况。似乎增加了第三层偏振片后，滤光的效果更好了。

4.将第三片偏振片放在另外两片的上面。和之前一样，你会发现，现在偏振片重叠的部分又不透光了。现在我们知道了，只有将第三片偏振片夹在另外两片之间时，光线才可以透过去。

这是什么原理呢？

当光照射到偏振片上时，由于并不是所有的光子都与它对齐，所以只有一半的光能够透过去。加上第二片偏振片使二者呈垂直状态时，光子被迫与第一片偏振片保持水平，也就无法再透过第二片偏振片，因此此时完全不透光。

在前两片中间插入第三片偏振片，当它和前两片成45°夹角时，那么一些光就可以从上面的偏振片进入中间的偏振片，再从中间的偏振片进入最底层的偏振片。事实证明，添加偏振片可以使照射到白纸上的光线增多。

深度知觉

试试看：伸出拇指，与脸部保持一臂的距离。盯住你的拇指，然后每次闭上一只眼睛，另一只眼睛继续看着拇指。其实，每只眼睛看到的并没有什么差别。现在，把你的拇指朝脸部移近，离鼻子7cm左右的距离。看看你的拇指，先闭上左眼，然后再闭上右眼。这次，每只眼睛看到的是拇指的不同侧面。

根据眼睛获取的不同视角，来判断事物的远近，就叫作深度知觉。

7cm

了解：用光子发送密码

为了将机密信息发送给某个人，而不被他人获取，就需要一种技术来对信息进行加密和解密。编制密码和破译密码的技术科学被称作密码学。密码员可以利用光子来发送秘密信息。

快问快答：机密信息

莫尔斯码是一种常见的发送信息的方式。在莫尔斯码中，每个字母都被转换成点和横杠。因此，只要你和对方都了解这些点和横杠所代表的含义，那么就可以使用莫尔斯码互相发送信息。

A	●—	H	●●●●	O	———	V	●●●—
B	—●●●	I	●●	P	●——●	W	●——
C	—●—●	J	●———	Q	——●—	X	—●●—
D	—●●	K	—●—	R	●—●	Y	—●——
E	●	L	●—●●	S	●●●	Z	——●●
F	●●—●	M	——	T	—		
G	——●	N	—●	U	●●—		

爱丽丝想给鲍勃发条消息："Let's go to the cinema.（我们去看电影吧。）"她根据莫尔斯码，将这些文字转换成点和横杠后，发送的信息如下：

.-.. . - ... / --. --- / - --- / - .... . / -.-. .. -. . -- .

1.鲍勃收到了莫尔斯码，将它破译过来并给爱丽丝回复了如下消息。鲍勃发的消息内容是什么呢？

--- -.- . -.-- / .-.. . - ... / --. --- / --- -. / - .-. . ... -.. . -.--

2.鲍勃担心别人能读懂这条信息，因为他的朋友伊芙总是看他的秘密信息，如果伊芙能够理解这些点和横杠所代表的含义，那么就会知道他跟爱丽丝说了什么。

因此，爱丽丝想出了一个利用光子发送秘密消息的主意。她会给鲍勃发送一个光子，垂直射入的用点表示，水平射入的用横杠表示。然后鲍勃可以使用水平滤光片来读取莫尔斯码。如果光子可以通过滤光片，就代表它是水平的，鲍勃可以记录为一个横杠。如果光子没有通过滤光片，那么就是垂直的，鲍勃可以记录为一个点。

爱丽丝为了验证新方法是否可行，就给鲍勃发送了自己的名字：

ALICE → .- .-.. .. -.-. . → VH VHVV VV HVHV V

鲍勃收到了信息，将其解码并回复：

VVVV VV / VH VHVV VV HVHV V / H VVVV VV VVV / VV VVV /

HVVV HHH HVVV

鲍勃给爱丽丝发的这条信息是什么内容呢？

3.鲍勃还是担心伊芙能够读取他的消息。因为伊芙只需要在爱丽丝和鲍勃的消息之间放置一个滤光片就可以将其解码了，而且可能是在爱丽丝和鲍勃并不知情的情况下。

思来想去，爱丽丝又有了一个主意。她知道如果鲍勃的滤光片是水平放置的，而自己发送光子是成45°角的，那么光子就有50%的可能通过滤光片。也就是说鲍勃有50%的可能会得到一个点，也有50%的可能会得到一个横杠。然而，如果鲍勃也将他的滤光片旋转45°，光子就会穿过滤光片，而鲍勃也会读取到正确的信息。

这次，爱丽丝和鲍勃分别调整了滤光片和光子的角度。为了验证新方法的可行性，爱丽丝又向鲍勃发送了一条信息：

VVVV V VHVV VHVV HHH

爱丽丝发送的内容是什么呢？

鲍勃决定将相同的消息发回，但这次伊芙拦截了该消息。有一半的光子穿过了伊芙的滤光片，但她却无法读取信息，因为她不知道哪些光子是水平的，哪些是垂直的。通过伊芙的滤光片的光子，与爱丽丝的滤光片之间成45°角，而现在这些光子中只剩下一半可以透过爱丽丝的滤光片。也就是说，爱丽丝只能接收到鲍勃发送的1/4光子，而不是一半。但这下，爱丽丝就知道伊芙正试图读取信息了。

（答案见第144页）

第三章
力与引力

发现

了解

实验

发现：力

力将我们与周围的世界联系在一起，不管我们做什么事。比如，举起一个物体，或者只是四处走走，都需要"力"的参与。生活中这样的例子比比皆是，比如，当你从桌子上拿起一本书时，你会对书施加一个向上的力；当你走路时，你会向地面施加压力；等等。

牛顿定律

17世纪，艾萨克·牛顿提出了三个描述力是如何使物体运动的定律，分别是：

·牛顿第一定律：任何物体都要保持匀速直线运动或静止状态，直到外力迫使它改变运动状态为止。

·牛顿第二定律：物体加速度的大小跟作用力成正比，跟物体的质量成反比，且与物体质量的倒数成正比；加速度的方向跟作用力的方向相同。

·牛顿第三定律：相互作用的两个物体之间的作用力和反作用力总是大小相等，方向相反，作用在同一条直线上。

以击打一只静止的冰球为例，来理解一下这几个定律：击打冰球之前，在没有力的作用下，冰球是保持静止的（牛顿第一定律）。当用曲棍击打冰球时，你施加了一个力，冰球开始运动（牛顿第二定律）。而击打冰球的同时，你也会感受到冰球带给曲棍的一个阻力（牛顿第三定律）。如果最开始冰球就是运动着的，在没有其他外力的情况下，冰球就会保持匀速直线运动（牛顿第一定律）。牛顿定律为我们理解"力"提供了一个非常简单的依据。

牛顿第二定律说明了力是如何使物体加速的，公式如下：

$$F = ma$$

由公式可知，物体的质量（m）不变，当力（F）加倍时，加速度（a）也加倍。例如，当加大力度击打冰球时，球会运动得更快。由此可知，如果你想让棒球以同样的速度运动，那么扔棒球的时候就要用更大的力。

接触力和非接触力

接触力指的是两个物体相互接触时产生的推或拉的力，我们日常生活中大部分的力都是接触力。例如，上台阶的时候，你的脚对台阶产生了向下的推力，而你的手向楼梯扶手施加了拉力。不接触的两个物体之间的作用力，叫作非接触力。

引力和电磁力是最典型的非接触力。

正如前文中提到的，在几厘米远的距离下，电场力和磁场力可以使其他物体运动，所以它们属于非接触力，而不是接触力。

力的作用不尽相同。原子内部的力形成了我们周围的一切。往小了说，力可以使汽车移动；往大了说，力可以使地球绕着太阳旋转，而且这个力，可以称得上是最大规模的作用力了。

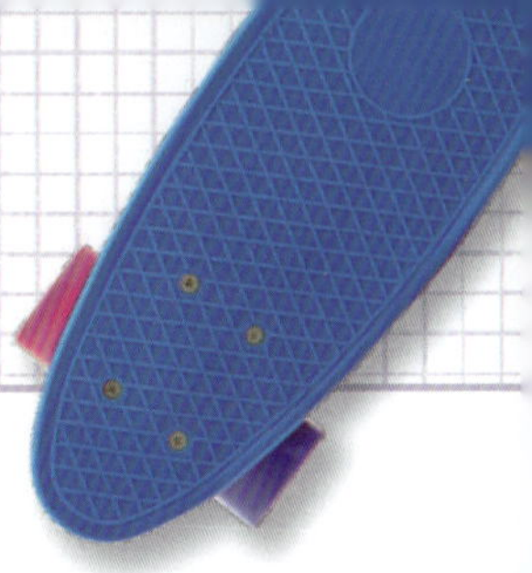

实验：验证牛顿第三定律

　　根据牛顿第三定律，每个作用力都有一个大小相等、方向相反且在同一直线上的反作用力。比如，滑滑板的时候，当你向地面施加一个推力时，地面也会向你施加一个同样大小的反作用力。

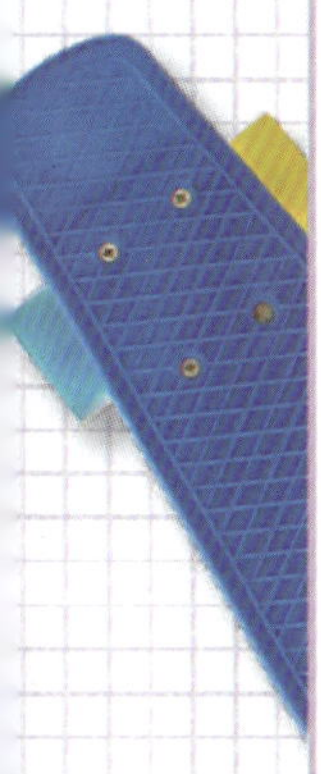

准备材料：

- 两个滑板
- 头盔、护膝和护肘
- 邀请一位体重和你相近的朋友
- 一根长杆（拖布把或扫帚把均可）
- 绳子

实验步骤：

　　做这个实验，首先需要找一块平坦的混凝土地面。你可以站在或坐在滑板上。但要注意，必须戴好头盔、护膝和护肘，以免摔伤。

　　1.首先，你站在或坐在滑板上，你的朋友在原地站好，你们分别抓住长杆的一端。当你将长杆轻轻推向你的朋友时，你会开始移动，并逐渐远离他，就跟你用脚蹬地面滑动滑板前进是一样的道理。

　　2.重复步骤1的实验内容，但这次换你的朋友轻轻地推动长杆。同样地，你还是会像上一次那样"离开"

需在成人陪同下进行

步骤4

他。这是因为，无论是你推朋友，还是朋友推你，只要你们都握着长杆，就都会感受到一个力，也同样都会以你的移动为结果。

3.接下来，请你的朋友站在另一块滑板上（记得戴好头盔和护具）。你们两个分别抓住长杆的一端，同时轻轻推向对方，会发生什么呢？接下来，你们轮流推对方，看看会发生什么情况？

4.用绳子来代替长杆。一个人拉动绳子的时候，你们两个都移动了，还是只有一个人移动了？试想一下，

如果是三个人拉着绳子站成一排，中间的人同时拉两边的绳子，又将会发生怎样的情况呢？

5.最后，叫一个成年人来加入实验。你站在一块滑板上，成年人站在另外一块滑板上，你们分别握住长杆的一端。当你将长杆轻轻推向成年人时，你们两个同时开始移动，你比成年人的速度快还是慢呢？如果换成成年人推你，情况又会如何呢？如果让两个成年人来做这个实验，那么，他们的移动速度比你和你的朋友快还是慢呢？

这是什么原理呢？

当你推或拉某物时，你施加了一个力。为了保持平衡，这个力会产生一个大小相同的反作用力。比如，当你站在滑板上推你的朋友时，不管对方是否在滑板上，你都会感觉到一个力向你推回来，使你移动。当你们都站在滑板上，你推向你的朋友时，因为你们的体重相近，受力大小一致，加速度也相似，所以你们会以相似的速度彼此远离。当你和一个成年人都站在滑板上，你推向他时，虽然你们受力相同，但他的质量比你大，所以他的加速度比你小，因此，你会比对方移动得更快。

了解：速度图表

速度描述的是一个物体运动的快慢，加速度表示的是速度变化的快慢。如果你知道汽车在整个旅途中的速度，就能够计算出旅行的距离。那么这些量之间到底有什么关系呢？下面的速度图表可以帮助我们有一个更直观的了解。

距离、速度和加速度

距离、速度和时间的关系如下：

距离=速度×时间

由公式可知，如果时间相同，当速度为30m/s时，行驶的距离就是速度为15m/s时的两倍。加速度描述的是速度变化的快慢。

速度的变化量=加速度×时间

1.假设司机驾驶汽车以22m/s的速度行驶。当他看到前方限速13m/s的提示时，有大约10s的时间减速。他的加速度应该是多少呢？汽车减速时的平均速度又是多少呢？

速度图表的应用

速度图显示的是速度与时间的函数关系：y轴表示速度，x轴表示时间。如果一辆公交车以10m/s的速度匀速行驶了20s，它的速度图表如下所示：

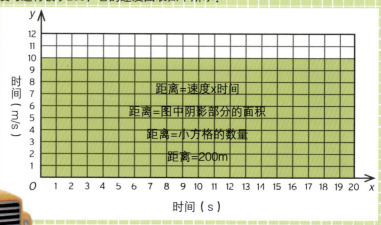

距离=速度×时间

距离=图中阴影部分的面积

距离=小方格的数量

距离=200m

时间（s）

图中阴影部分的面积表示的就是公交车的行驶距离。计算行驶距离，可以用速度乘以时间，也可以在图中查小方格的数量。但无论你使用哪种方法，得到的数值都是一样的，均为200。

2.如果一辆公交车以恒定的加速度加速，那么图上的阴影部分将形成一个三角形。在右边的图中，公交车在6s内，加速到10m/s，它的加速度是多少呢？计算方法有两种：一是通过测量速度–时间变化线的斜率，二是用速度的变化量除以时间。再看一看，公交车行驶了多远的距离呢？

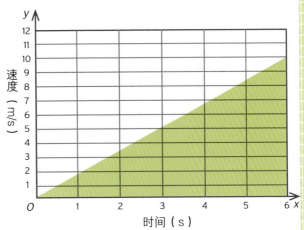

3.左边的图显示了一辆汽车（蓝色阴影部分）和一辆卡车（红色阴影部分）的行程。汽车行驶的速度比卡车快，但在中途休息了一会儿。汽车和卡车的初始加速度各是多少？两辆车中哪一辆车的行驶总距离更远？

（答案见第144页）

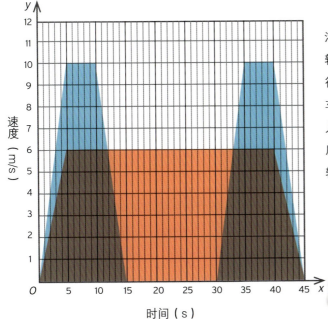

发现：引力

有一种力将宇宙万物联系在一起。任何有质量的物体都能感受到这种力，甚至远在数十亿千米之外也能感受到它，这种力就叫作万有引力。人被吸引向地球表面、月亮绕着地球旋转，都是万有引力在发挥着作用。

地球上的引力

我们时刻都能感觉到引力的存在。任何有质量的物体都会吸引其他有质量的物体，一个物体的质量越大，它的万有引力就越强。若要计算你在某处的重力，可以用你的质量乘以当地的重力常数。山顶的重力会略小一些，这是因为两个物体之间的引力，会随着它们之间距离的增大而减小。即便如此，这个差距也并不是很大，比如，世界最高峰（珠穆朗玛峰）山顶的重力，也只比同纬度海平面的低0.2%。

物体的重力和质量的关系如下：

重力＝质量×重力加速度

重力对自由下落的物体产生的加速度，称为重力加速度。克服重力提起物体时，是需要消耗能量的。也正是因为这一点，上楼比下楼更累。重力势能的变化用公式表示为：

克服重力跳跃

重力势能的变化＝重力×高度的变化

上楼梯时，你的肌肉需要做很多功，以提供更多的重力势能。当物体下落时，重力势能减小，速度增加。

宇宙中的引力

引力的作用不仅是把你拉向地球表面，月球绕地球公转或地球绕太阳公转都离不开它。不仅如此，月球和太阳的引力甚至还会影响海洋：潮汐就是由月球和太阳的引力而引起的。当月球、太阳和地球排成一线，且月球处于太阳和地球之间时，月球和太阳的引力结合达到最强时，就会出现特殊的高潮。月球和地球之间的引力如此强大，久而久之，月球便逐渐形成了鸡蛋的形状，并始终保持一侧朝向地球。

从更大的范围来看，引力将银河系聚集在一起。引力是一种长距离的力，即便在数十亿千米之外都能感受得到。例如，各星系在非常远的距离外，也能感受到太阳巨大的引力。相对于巨大的万有引力，电荷之间的静电力就显得微乎其微了。尽管静电力相对较强，但正电荷和负电荷几乎总是相互抵消，也就是说，除了特殊的、非常剧烈的反应外（如雷雨），我们不会经常看到静电力的"活动"。

引力无处不在，在太空也不例外

实验：在引力的作用下下落

引力是物体质量与质量之间的吸引力。由于地球的引力的吸引，使地球上的一切事物都被吸附在地面上的力叫作重力。当你将某个物体抛落时，它起初下落得会比较缓慢，随后会加速。那么，你知道它下落时速度增加有多快吗？

准备材料：

· 可以制作爆米花的玉米粒

· 尺子

· 计时器

· 便利贴

实验步骤：

1.沿着墙壁从地板向天花板的方向分别量出60cm、90cm、120cm、150cm和180cm的距离，并用便利贴做好标记。

2.在120cm高的位置扔下一粒玉米，并记录玉米粒从开始下落到落地所用的时间。做这个实验时，最好用一只手拿着玉米粒，另一只手拿着计时器，在扔玉米粒的同时，开始计时。当听到玉米粒落地的声音时，停止计时。为了计时更准确，可以重复本步骤。

3.利用步骤2的方法，分别记录玉米粒从60cm、90cm、150cm和180cm落下时所用的时间，并填好下面的表格。

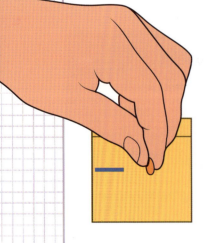

高度	所需时间	所需时间x所需时间	重力加速度=2×高度÷时间的平方	2×高度÷平均时间的平方
60cm				
90cm				
120cm				
150cm				
180cm				

在表格的第三列中，需要用时间乘以时间得到时间的平方。在第四列中，需要用高度乘以2，再除以时间的平方。通过观察第三列中的数值，你发现了什么？答案是，这些数值应该大致相同。如果你得到的数值并不是很接近，可以再做一次实验。例如，如果从120cm下落需要0.5s。表格中对应的各项数值如下：

时间=0.5s

时间的平方=0.5×0.5=0.25s²

重力加速度=2×高度÷时间²

=2×120cm÷0.25s²

=240÷0.25=960cm/s²

4.重复实验步骤，将玉米粒从每个高度抛下10次，并分别记录下时间。用总时间除以10，得到下落的平均时间。现在利用这个时间重新计算表内的数据，看看结果是否相近。

这是什么原理呢？

通过实验你会发现，不管玉米粒从哪个高度落下，重力加速度的值都大体相同。因为所有物体的重力加速度是相同的，所以重的物体和轻的物体下落的速度是一样的。因此，若你在同一高度同时扔下一个篮球和一个棒球，它们也会同时落地。这个理论是400多年前，意大利物理学家伽利略·伽利雷发现的。他的这一发现成为物理学的开端。

了解：引力和思想实验

约2000年前，古希腊哲学家认为，较重的物体会比较轻的物体下落得更快。如今，哲学家们通过真实的数据来验证他们的想法——事实上，古希腊哲学家们的这一理论是错误的，已经不需要再验证了。

思想实验

思想实验是指无须实际操作、使用想象力去进行的实验。思想实验可以帮助你理解自己的想法，确保这个想法是可行的。如果你的思想实验和想法有冲突，那么这个想法一定有问题。古希腊哲学家亚里士多德认为，重的物体下落时的加速度比轻的物体大。400多年前，意大利科学家

伽利略在验证这一观点时却发现，所有物体下落的加速度都是一样的。

想象一下，若伽利略和亚里士多德相遇了，一起讨论他们各自的观点。伽利略可能会提议用亚里士多德的理论做一个思想实验：设想，将一个重的物体和一个轻的物体同时从悬崖上扔下去，看谁先落地。根据亚里士多德的理论，哪个物体会先落地呢？根据伽利略的说法，又是哪个物体会先落地呢？

随后，为了使思想实验变得更有趣，伽利略又想出了一个主意。他建议用一根绳子把两个物体分别绑在绳子的两端。这根绳子必须非常结实，它唯一的作用是，当被拉紧时，可以始终将两端的物体连在一起。

亚里士多德

"这个主意很好！"亚里士多德说。"这两个物体会一直下落，直到绳子绷紧，由于受到绳子的拉力，重的物体下落的速度会变慢，轻的物体下落的速度会变快。"

伽利略问："那么当绳子绷紧时，两个物体下落的加速度会相同吗？"

"当然！"亚里士多德回答，"至少在这一点上我们可以达成共识。我们都认为，当这两个物体一起下落时，它们的重力加速度是一样的。"

然而，伽利略的思想实验并没有结束。

"所以将重的和轻的两个物体系在一起后，重物的下落速度比它之前单独下落时要慢吗？"他问道。

"是的。轻的物体使重的物体的下降速度减慢了。"

"哈哈！"伽利略回答："我知道该如何证明你的想法是错误的了！我可以让轻的物体起到给重物加速的作用！"

亚里士多德认为较轻的物体会使较重的物体下落得更慢。伽利略在思想实验中做出怎样的小改变，就能让亚里士多德相信重的物体下落得更快，是因为轻的物体的存在吗？如果让亚里士多德发现自己的观点中有这样的矛盾——较轻的物体既可以使重物下降的速度变快，也可以使其变慢，那么，他关于重力的观点就肯定是错误的。

（答案见第144页）

伽利略

发现：动量

假设你正在街边骑自行车，如果你突然停止蹬车，会发生什么情况呢？自行车不会立刻停下来，还会继续向前行进。如果当时的地面很平滑，那么，你还会保持和原来同样的速度。这是由于动量的原因，是动量使物体保持运动。

什么是动量？

当一个物体运动时，就有动量。物体运动得越快，动量越大；物体的质量越大，动量也越大。快速行驶的自行车比慢速行驶的自行车更难停下来，是因为前者的动量更大。同样地，当背着一个沉重的双肩包时，因为你的总质量增加了，所以停车也会更费力。物体的动量公式如下：

动量=质量×速度

根据公式可知：在同等的速度下，如果你和一位跟你体重相同或相近的朋友骑一辆双人的自行车，其动量大约是你自己骑普通自行车时动量的2倍。再比如，若你的速度是5m/s，其动量就是速度为2.5m/s时的2倍。也就是说，在质量不变的情况下，若想要改变动量，就需要改变速度，即需要给物体施加一个外力。动量的变化越大，需要的力也就越大。

骑车的速度越快，就越难停下来

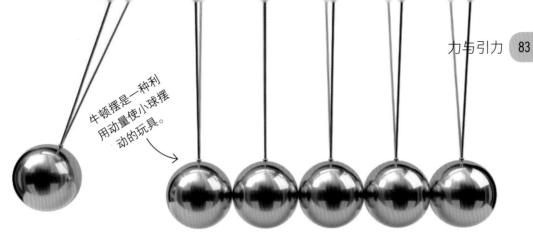

牛顿摆是一种利用动量使小球摆动的玩具。

动量守恒

当你在用很快的速度滑冰时，你很难让自己慢下来，因为这时的动量非常大。因此，很多初学者只能靠贴近墙壁的方法来控制自己的方向。改变动量意味着要施加一个力，那么如果没有力，或者所有的力都抵消了，会怎样呢？在这种情况下，动量不会发生改变，物体仍会以相同的速度继续运动，这就叫作动量守恒。

相互碰撞的两个物体，动量守恒的关系如下：

碰撞前的动量=碰撞后的动量

假设你在打台球，当主球被击中后，开始移动，并撞击到8号球，使其也开始移动。如果主球是从正面将8号球击中，即对它施加了一个足够大的力，主球将会把所有的动量都传递给8号球。此时，二者动能的总量保持不变，只是8号球接收了主球的动量，而主球在撞击之后失去了所有的动量。如果主球击中的是8号球的侧面，则两个球就都会以一定角度运动。在这种情况下，动量总量依然保持不变。

牛顿第三定律

相互作用的两个物体之间的作用力和反作用力总是大小相等，方向相反，作用在同一条直线上。

实验：动量守恒

　　每个台球的质量都大致相同，所以当它们撞击后，我们比较容易判断它们会如何运动。因此，想通过球击中库边再反弹回来设置障碍球，也并不是件难事。但如果是质量不同的物体相碰撞会怎样呢？你可以借助玩具车做个小实验来寻找答案。

准备材料：

- 两条长而光滑的木板
- 一摞书，高30cm左右
- 几辆质量不等的玩具车
- 卷尺
- 计时器
- 厨房秤

实验步骤：

　　虽然物体与物体之间的动量是守恒的，但我们平时却很少留意。

　　1.先将一块木板平放在地板上，当作跑道。再将第二块木板的一端架在一摞书上，另一端与第一块木板相连，形成一个斜坡。两块木板之间不能有空隙。

　　2.将每辆小汽车编号、称重，并做好记录。（如果你不想在小汽车上做标记，也可以通过颜色或形状来区分它们。）

　　3.将一辆小汽车放在斜坡顶端，摆正后，松手让小车下滑。记录下小汽车沿着斜坡和跑道行驶的总时间。

重复此步骤，记录所有小汽车的行驶时间。这些时间是大致相同的吗？

4.拿两辆质量相近的小汽车，将其中一辆放在两块木板的连接处。让另一辆小汽车沿着斜坡向下滑行，撞击到平面跑道上的小汽车后，后者开始移动。记录下第一辆小汽车开始从斜坡滑下，直至第二辆小汽车行驶直至停止的总时间。

步骤4的总时间和单独一辆小汽车所用的时间相比，哪个长？哪个短呢？你可以再做两个实验：将最重的汽车放在斜坡顶端，最轻的汽车放在平面跑道的起点；再将最轻的汽车放在斜坡顶端，最重的汽车放在平面跑道的起点。每次都按照上述步骤进行实验，并比较实验所得出的小汽车运动的时间，你发现了什么呢？

这是什么原理呢？

当汽车沿着斜坡向下移动时，它们将重力势能（见第76页）转化成了动能。重力势能和动能都取决于车的质量，但速度只与斜坡的高度有关，与小汽车的质量无关，所以每辆车都应以相同的速度到达坡道底部，我们把这个速度标记为$V_{斜坡}$。假设斜坡上汽车的质量为$M_{斜坡}$，平面跑道上汽车的质量为$M_{跑道}$。根据牛顿第三定律，动量是守恒的，因此：

斜坡上小汽车的动量=

平面跑道上小汽车的动量

即当两辆车相撞后，第一辆车失去的动量，全部传递到了第二辆车上。动量公式如下：

动量=质量×速度

根据上述内容，这个公式可以变形如下：

$$M_{斜坡} \times V_{斜坡} = M_{跑道} \times V_{跑道}$$

用两辆小汽车的质量和斜坡上小汽车的速度（斜坡上不同质量的小汽车速度都应该相同）来表示跑道上的汽车速度，上述公式可变形为：

$$V_{跑道} = V_{斜坡} \times (M_{斜坡} \div M_{跑道})$$

这和你的实验结果相同吗？是平面跑道上质量最轻的小汽车速度最快吗？是最重的小汽车速度最慢吗？或许那辆最重的小汽车都没有到达跑道的终点。

了解：打台球

如果你看过专业选手的台球比赛就会发现，根据多年的实战经验，他们凭感觉就能判断出每个球应该怎么打。但你知道吗？打台球这项运动也蕴含着物理学的相关知识呢！

直线球

当白球、红球与球袋呈一条直线时，很好进球。若主球直接击中红球，红球就会落袋。因为动量是守恒的，所以如果主球与红球正面相撞，主球就会停止运动，而红球则会朝着主球的原方向开始运动。如下图所示，玩家可以打三个直线球让红球落袋。

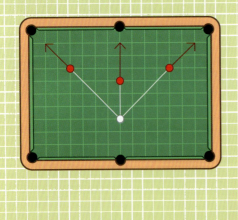

1.在下图中，如果白色的主球每次撞到红球都会停下来，你能找到一种方法让所有的红球分别都一次性落袋吗？

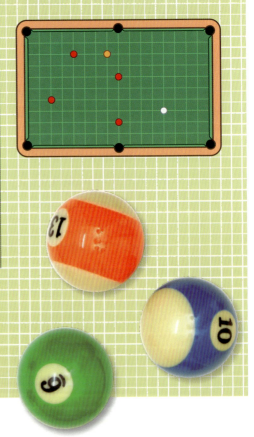

反弹球

当球撞击库边时，反弹的角度与入射的角度相同，无法直接将目标球击入袋内时，台球选手会使用这种打法。下面就是如何打反弹球的示意图。

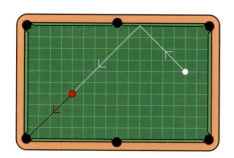

2.你能通过反弹球，使下图中所有的红球落袋吗？注意：主球不可以碰到任何一个黄球。

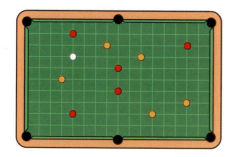

角度球

在进行角度击球时，当主球撞击目标球后，两个球就会朝不同的方向移动而远离对方。假设你想通过一定的角度使红球落袋，在主球与红球碰撞前，主球具有动量。因为动量是守恒的，如果你把主球打向正东，它的动量是5个单位，撞击后，它的动量分成两部分：向东2个单位的动量和向北3个单位的动量。被主球撞击后，红球

的动量是多少呢？

3.碰撞前，主球向东运动，带有5个单位的动量。所以在碰撞之后，总体向东仍应该有5个单位的动量。若主球剩下了2个单位的动量，那么红球就一定还有向东的3个单位的动量。

撞击前的动量=撞击后的动量

5个单位（主球撞击前的动量）+0个单位（红球撞击前的动量）=2个单位（主球撞击后的动量）+3个单位（红球撞击后的动量）

在南北方向，如果你知道了主球由静止（动量为0）被击中而运动，与红球撞击后带有向北的3个单位的动量。也就是说，此时红球一定带有向南的3个单位的动量，因此南北方向的动量总量应为0：

0个单位（主球撞击前的动量）+0个单位（红球撞击前的动量）=3个单位（主球撞击后的动量）−3个单位（红球撞击后的动量）

4.用同样的逻辑，你能计算出红球在如下所述的情况下撞击后的动量吗？

· 主球朝正东运动，带有6个单位的动量。与红球撞击后，向正东有5个单位的动量，向正南有2个单位的动量。

· 主球朝正南运动，带有3个单位的动量。与红球撞击后，向正东有1个单位的动量，向正南有1个单位的动量。

· 主球朝正西带有2个单位的动量，朝正南带有3个单位的动量。与红球撞击后，向正西有1个单位的动量，向正南有0个单位的动量。

（答案见第144—145页）

发现：棒球和炮弹

- -

你观察过喷泉喷出的水的形状吗？当水从一个倾斜的喷口喷出时，水会形成一条平滑的曲线。这条曲线被称为抛物线，它是物体受重力影响，在重力方向上的运动轨迹。

棒球

当你打棒球时，你一定希望打得越远越好。那么，用什么方法才能把球打得更远呢？

当棒球被打出后，唯一作用于棒球的力就是地心引力，它会使棒球加速落向地面。虽然你用尽全力，在水

平方向将棒球打出，可以使棒球"飞行"很长一段距离，但这并不是最好的方法。实际上，当你击球时，若使棒球轻微向上飞起，它才会"飞"得更远。如果你采取极端的方法，把棒球垂直地打起来，它虽然可以在空中停留最长的时间，但棒球运动的水平距离却不是最长的。（这种做法可能会使球落下来时，击中你的头部，况且我们要做的是让球"飞"得更远，而不是更高。）

要想把棒球打得更远，一定有一个最佳的击球角度。将棒球水平打出时，球停留在空中的时间最短（向下击打棒球除外）。将棒球垂直向上打出时，球停留在空中的时间最长，但这也意味着它会落回原地，这跟直接把球扔在地上没有什么区别。事实证明，打棒球的最佳角度是球棒与地面成45度角，这个角度是水平飞行速度和垂直飞行时间的完美结合：既可以具备水平飞行时更快的速度，又可以拥有垂直飞行时更多的时间。

为了让击球动作更加完美，棒球运动员需要花费多年的时间进行练习

炮弹

打棒球的最佳击球角度为45°，在这种情况下，棒球的运动轨迹呈抛物线，运动的水平距离最远。不仅是棒球，这个方法也适用于其他在重力作用下下落的物体。对于我们而言，掌握重力的相关知识，不过是提高了打棒球的技巧而已，但在过去长达几个世纪的时间里，这个知识却是一场战争成败的关键。将物体以一定的初速度抛起再下落的运动叫作抛体运动。而被抛起的物体不管它是什么——是棒球，还是炮弹，都被称作抛体。

在中世纪的战争中，士兵用大炮发射炮弹来攻击敌人的城堡。只有城堡被炸毁时，士兵们才能攻进去。因此，准确地命中目标是战争致胜的关键，而物理学家们的理论基础也自然成为重中之重。于是，物理学家们花费了大量的时间和精力来研究抛体运动。

如下图所示，炮弹的飞行距离是由大炮与地面的夹角所决定的。所以，熟知这个原理，知道如何击中目标的军队远比那些不懂抛体运动的军队更有胜算。

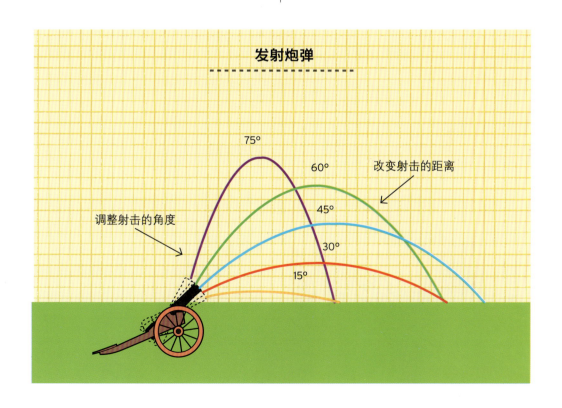

发射炮弹

75°

60°

改变射击的距离

45°

调整射击的角度

30°

15°

实验：爆米花"炮弹"

当物体在重力的作用下下落时，物体就会产生加速度。如果你想用橡皮筋作为"发射器"，爆米花作为"炮弹"去击中目标，那么就需要知道爆米花在重力作用下的运动和下落的规律。在这个实验中，你会通过观察爆米花"炮弹"的特点，来找寻规律，准确地击中目标。

准备材料：

- ·量角器
- ·尺子
- ·橡皮筋
- ·玉米粒和爆米花
- ·胶带
- ·几个"目标"杯
- ·可以在地板上做标记的东西（如胶带）
- ·又大又重的物体（如一张桌子）
- ·可以帮助你标记爆米花"炮弹"掉落的位置，且可以和你进行"射击"比赛的朋友

安装发射装置

在本实验中，你将尝试去击中一些目标。如何击中目标，是物理学家和数学家在大炮发明之初就面临的一个现实问题，这不仅是因为炮弹射击的准确性对阵地的安全防御至关重要，而且还因为炮弹的造价非常高。需要注意的是，重力只能影响物体在垂直方向上的运动，不会影响物体在水平方向上的运动。

实验步骤：

完成这个实验，你首先要安装好发射装置并设立目标。

1.安装发射装置时，用胶带把量角器粘在大的物体的边上（如桌子腿），使其固定不动。量角器倒放，直线边缘朝上，弧形边缘朝下。

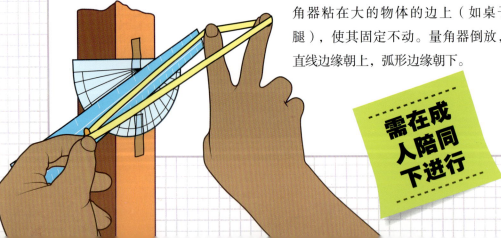

需在成人陪同下进行

2.用橡皮筋来发射玉米粒"炮弹"。将橡皮筋的一端对准量角器的中心，用量角器量出准备发射的角度，再用尺子量出橡皮筋的长度（橡皮筋被拉长的距离）。

3.试着从与水平方向分别成0°、30°、45°、60°和90°的角度发射玉米粒"炮弹"。尝试将橡皮筋进行各种不同程度的拉伸，拉伸的长度可根据橡皮筋的松紧程度适当调整。每次实验，都让你的朋友或家人标记出"炮弹"的落地位置、发射角度，以及橡皮筋被拉伸的长度。

射击目标

在掌握了基本的数据之后，你就可以开始尝试射击目标了。将杯子作为目标摆放好，根据前面获得的"炮弹"运动的相关数据操作，看看能击中几个目标。也可以和你的朋友或家人来场比赛，每人射击10次，看谁的命中率更高。结果并不难猜，一定是对这个物理理论理解得更好的那个人会获胜。

通过反复的练习，你现在一定很擅长这个游戏了。为了让这个游戏变得更有趣，你可以将玉米粒换成爆米花，并以同样的角度和力度拉伸橡皮筋，来发射爆米花"炮弹"。多实验几次，并标记出爆米花"炮弹"不同的落地位置。你能得出什么样的结论呢？在角度和拉伸长度都相同的情况下，爆米花的射程是始终如一的吗？玉米粒和爆米花相比，哪个射程更远呢？

这是什么原理呢？

从不同的角度发射爆米花"炮弹"，其射程也不同。橡皮筋被拉长，不仅会提升"炮弹"的飞行速度，也会影响它的飞行距离。使用玉米粒的实验相对更容易些，因为玉米粒的形状都很相似，所以所受的空气阻力也大体相同。而爆米花的形状各异，所受的空气阻力也不一样，这使得它们的速度会更慢一些。

了解：角动量

当你转动陀螺时，它会持续旋转很长一段时间，但你知道为什么它会保持旋转而不是马上停下来吗？这是因为角动量的缘故，它和动量一样，具有守恒的特点。在角动量的作用下，物体会保持旋转，直至有东西阻止物体继续运动。

什么是角动量？

物体做直线运动时具有动量。同样地，当它们旋转时，它们就具有角动量。和动量一样，角动量也是守恒的。也就是说，如果你想使旋转物体的速度变快或是变慢，就需要对物体施加外力。例如，你将一辆自行车倒放（车轮向上）在地上，转动踏板带动后轮旋转，在停止转动踩踏板后，后车轮还会继续转动。其原因是：旋转的轮子具有角动量，而角动量是守恒

的，所以当你不再转动脚踏板后，轮子仍会保持旋转。车轮围绕其旋转的线叫作转轴。影响物体角动量的因素有三种：

· 物体的质量。

· 物体转动的速度。

· 物体的旋转半径。

假设有一个人正在冰上旋转，他想要改变转速（改变角动量），可以将手臂展开（旋转半径增大），或者将手臂贴近身体（旋转半径减小）。那么，他该选择哪种办法才能让自己旋转得更快呢？过了一会儿，他抱起女儿，和她一起旋转。你认为他抱着女儿时的旋转速度快，还是他自己旋转时的速度快呢？

（答案见第145页）

改变地球自转的速度

有一个疯狂的老板想要改变地球自转的速度。他想把一天变成30小时，这样人们每天的工作时间就会更长。要想达到这个目的，他需要加快还是减缓地球绕地轴旋转的速度呢？他的帮手提出了四种减缓地球自转速度的方法，但只有两种可行。在这四个建议中，老板应该选择哪两个呢？

· 把地球夷为平地，让它看起来像一张巨大的煎饼，而不再是一个球体。

· 将地球拉伸至一个扫帚柄的形状，与其旋转轴同向。

· 将地心挖空，使地球的质量变小。

· 用铅覆盖地球表面，使地球的质量大幅度增加。

疯狂的老板觉得人们每天工作8小时的时间太少了，应该工作10小时才行。在一年中，人们工作的时间越长，他就越开心。但是，他不知道地球绕着太阳运行具有角动量。按一年365天，每天24小时计算，一年共有多少小时呢？如果人们每天工作8小时，7天中有5天时间在工作，平均每人每年工作多少小时呢？当疯狂的老板将一天设定为30小时后，一年中又减少了多少天呢？如果人们每天工作10小时，7天中有5天时间在工作，平均每人每年工作多长时间呢？这个疯狂的老板真的把人们每年工作的时间变多了吗？

（答案见第145页）

发现：摩擦力

不停地蹬脚踏板才能让自行车保持前行，不停地游泳才能让我们在水中前进，这让我们感受到在运动中存在着一种阻碍运动的力。固体和接触面之间产生的阻碍运动的力，叫作摩擦力。比如，自行车的轮胎与路面之间，就存在着摩擦力，这个摩擦力阻碍车轮前行。

摩擦力

摩擦力是两个固体之间产生的阻碍相对运动的力。骑自行车时，让自行车减速并停下来的力就叫作摩擦力。摩擦会产生很多热量，所以当你骑完自行车后，轮胎会比刚开始骑的时候更热。自行车轮胎的摩擦力越大，就越容易减速。冰上的摩擦力很小，因此在有冰的路面上行走或行驶，要比无冰路面更滑，也更危险。

摩擦力也与牵引力有关。牵引力是向一个表面所施加的推力。自行车轮胎是橡胶做成的，具有很强的抓地力（牵引力），所以便于在路面上行驶，但也正因为如此，轮胎与地面之间的摩擦力也较大。火车的车轮是金属的，轨道也是金属制成的，因此它们之间的摩擦力和牵引力都很小。也就是说，火车开动后要花很长时间才能全速行驶，同理，火车也很难在短时间内降速。

物体所受摩擦力的大小取决于物体的质量和接触面积。重的物体会比轻的物体产生更大的摩擦力。因此，在同一块铺有地毯的地板上推一个重的箱子和一个轻的箱子，前者会比后者困难得多。

一列快速行驶的火车，降速需要很长时间

空气阻力可能会
关乎生死

空气阻力

　　空气阻力是空气对运动物体的阻碍力。虽然你也许从来都没注意过，但空气中确实存在着阻力。因此，以同样的速度在街道和跑步机上慢跑相同的距离，前者比后者更累。原因是在街道上跑步比在原地跑步所受的空气阻力更大，所以更费力。通常，物体的运动速度越快、外形越大，所受的空气阻力也就越大。降落伞就是利用空气阻力的原理来减缓跳伞者的降落速度的。

　　相对于空气阻力，水的阻力更大。这是因为水比空气的密度大，所以在水中所承受的阻力也就更大。

　　当一个跳伞的人从飞机上跳下来时，由于重力的作用，他下降的速度会不断增加（见第76—79页）。但这也意味着空气阻力也会增加，因为速度较快的物体会受到更大的空气阻力。逐渐地，当重力和空气阻力达到平衡时，跳伞者的速度就会保持不变，这个速度被称为末速度。末速度取决于物体的质量和形状，以及它所通过的介质。降落伞打开后，其形状和降落速度的变化，都是为了确保跳伞者可以安全着陆。

实验：摩擦力

在摩擦力和阻力中，是什么因素导致物体减速的呢？是物体的质量、形状、运动速度，还是介质呢？以上这些因素都在影响物体运动中的摩擦力和阻力，摩擦力和阻力远比我们想象的复杂，因此有些科学家终身都在研究这一领域。

准备材料：

- 两块长而光滑的木板
- 一摞书（大约30cm高）
- 几辆质量不等的玩具车
- 几种不同材质的平面，例如，光滑的木头、地毯、纸或砂纸
- 卷尺
- 两个大小相同的玻璃瓶
- 水
- 食用油
- 九个弹珠
- 三个球轴承中的滚珠

空气阻力

实验步骤：

1.将一摞书摆好，再将一块木板的一端放在书上，另一端搭在地板上，形成一个斜坡。

2.将另一块木板沿着斜坡的底端放置，作为跑道。将一辆小汽车放在斜坡顶端，摆正后，松手让其下滑，记录下汽车沿着跑道行驶的距离。

3.用其他材质的平面代替第二块木板作为跑道，重复上述实验步骤。

小汽车在哪种材质的跑道上行驶的距离最远？在哪种材质上行驶的距离最近呢？和你预想的结果一样吗？如果你换一辆质量更重或者更轻的小汽车，实验结果会怎么样呢？

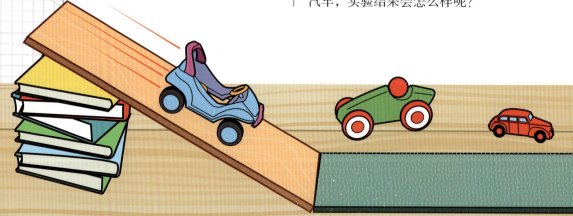

液体的阻力
实验步骤：

1.将两个瓶子并排放在桌子上。向一个瓶里倒入水，另一个瓶子里倒入油，使两个瓶中的液体高度保持一致。

2.取两个弹珠，一个置于水瓶的上方，另一个置于水瓶的旁边，从同样的高度将两个弹珠扔下，比较空气的阻力和水的阻力大小。哪颗弹珠先落到底部呢？是水的阻力大，还是空气的阻力大呢？

3.重复第二步，但这次把水瓶，换成装油的瓶子，比较油和空气阻力的不同。

4.从同一高度、同时向装有水和油的两个瓶中扔弹珠，比较弹珠在水和油中受到的阻力大小。哪种液体的阻力更大呢？也可以试试其他的液体，例如，蜂蜜或糖浆。

5.将球轴承中的滚珠和弹珠同时扔进同一种物质中，如空气、水或油。两者哪一个先落入瓶底呢？

这是什么原理呢？

玩具汽车在跑道上承受的最主要的力是车轮和跑道之间的摩擦力。通过实验，你会发现，粗糙的表面会使汽车更快地减速，因为摩擦力更大。在实验所用的材质中，砂纸和地毯的摩擦力相对较大，而光滑的木材和纸的摩擦力相对较小。

对于落入空气、水和油中的弹珠，阻力取决于下落的速度、弹珠的形状以及落入哪种物质。弹珠在空气中下落得最快，因为空气的阻力最小，所以弹珠在空气中落到桌面时，落入其他液体中的弹珠还没有落到瓶底。水和油都是液体，所以它们的阻力更大。油往往比水"稠"，因此弹珠在油中的下落速度会比在水中更慢。但由于油的种类不同，弹珠在不同的油中下落的速度也不尽相同。

关于弹珠和球轴承滚珠的实验，可以让你了解到形状是如何影响阻力的。相对于弹珠来说，球轴承的形状更小，所受的阻力也就更小。因此，球轴承滚珠会比弹珠更快落到瓶底。

了解：摩擦力和卡车

在不同的地方跑步感受会不一样，沿着海滩边的栈桥跑，可以跑得很快，可在沙滩上跑就会比较吃力，而在海水里跑就更是难上加难了。为什么会产生这种情况呢？原因就在于所受的阻力不同，形成了奔跑速度的差异：在固体表面跑，会感受到摩擦力；而在沙滩上或海水中跑步，会感受到运动的阻力。所受的阻力越大，跑步的速度自然也就越慢了。

有时，大卡车在下陡坡时会失去控制。这是由于卡车在重力的影响下，下坡的速度会变快，但卡车的刹车，轮胎与道路之间的摩擦力，又不足以平衡重力的影响。为避免重大交通事故的发生，一些公路上设有特殊的避险车道，以便卡车可以安全地停靠。这些避险车道的路面都是由高耐磨材料制成的，因此安全性很有保障。

卡车和避险车道

设想一下，一辆卡车刚从结冰的陡坡上开下来，现在正行驶在一条水平的道路上。卡车以30m/s的速度行驶，司机想让卡车快速减速。他每踩下刹车，卡车以1m/s的速度减速。现在有三种减速的方案可以选择：

· 继续在原道路上行驶，每秒降速1m/s。但是要在前面的停车标志处停下来，这段距离只剩下200m。

· 驶进避险车道，每秒可降速3m/s，但这条路只有50m长。

· 驶进沙砾道路，每秒减速2m/s，但这条路只有175m长。

如果选择继续在原路面上行驶，则需要将车速从30m/s，降为0m/s。要计算出一共行驶多远的距离，我们就需要知道卡车的平均速度。计算平均速度，我们需要用到公式：平均速度=（初始速度+末尾速度）÷2=（30+0）÷2=15m/s。如果卡车要在路标处停车，那么它在这段时间内行驶的距离就不能超过200m。

速度=距离÷时间，因此，卡车的行驶时间应为：200m÷15m/s≈13s。这个时间够用吗？

司机踩刹车后，每秒钟可以使卡车减速1m/s，由于摩擦力的作用，卡车额外还会再减速1m/s。也就是说，在这种情况下卡车每秒可减速2m/s。

根据加速度公式（速度的变化=加速度×时间）可知，他的速度变化为$2m/s^2 \times 13s = 26m/s$。

由此可知，13s的时间不够。因为若他把速度（30m/s）降低了26m/s，那么当他到达停车标志时，速度为4m/s，还是停不下来。因此，选择在原路面上行驶不可行。

采用同样的方法计算，看看另外两个方案，他应该选择哪一种呢？

（答案见第145页）

第四章
核物理与空间

发现

了解

实验

发现：原子和原子核

我们看到和触摸到的一切物体都是由原子组成的。原子是极其微小的物质，肉眼观察不到。在很长一段时间内，科学家们都认为原子是世界上最小的粒子，但事实证明，在原子内部还有更小的粒子。

观察原子的内部

粒子看起来像一个很小的球。大多数时候，原子看起来像是粒子，但如果观察原子的内部，就会发现里面有很多更小的粒子。原子内部的空间大部分是空的，它的中心是原子核。原子核是由另外两种被称为质子和中子的粒子组成的，它们占原子内部空间的几千亿分之一，但质量却占原子的99.96%以上。组成原子其他部分的粒子叫作电子。这些电子在一大片电子云中运动，占据了原子内部其他的空间。

想了解原子的比例，可以将其想象成一个空旷的足球场。如果整个足球场是一个原子的话，那么球场中心的"原子核"就相当于一粒爆米花的大小。

直径100m

爆米花颗粒直径0.5cm

质子带有一个正电荷，中子不带电荷，电子带有一个负电荷，这些电荷使原子保持稳定。质子和电子带有相反的电荷，所以相互吸引。原子核只带正电荷。当物体具有相同的电荷时，它们彼此排斥，那么，原子核是怎么保持稳定的呢？

核裂变

在原子核内部还有另外两种力——强核力和弱核力，这两种力通常比电力强，所以原子核可以保持稳定。有时，在作用力几乎平衡的情况下，原子核就会分裂。原子核的分裂被称为核裂变，核裂变过程会释放出大量的能量。这个原理被应用于核电站发电。

核裂变是核电厂能量的来源，最适合裂变的原子是铀原子。一个铀原子由92个质子和143个中子组成。如果向铀原子中射出一个中子，它的原子核就会裂变并释放出三个中子，这些中子会撞击到更多的铀原子，使铀原子发生裂变，这种反应被称为链式反应。只要有铀原子存在，这种反应就会持续下去。

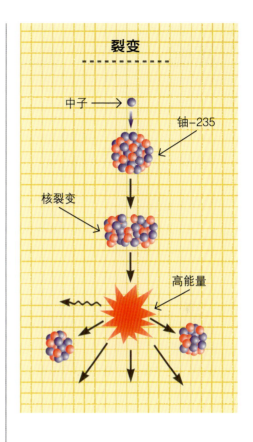

裂变会释放出大量的热能，这些热能可以用来制造蒸汽。蒸汽带动涡轮机旋转，产生电能。裂变所释放的能量是巨大的：1kg铀释放的能量，相当于燃烧250万kg煤所产生的能量。

实验："核"爆米花

核力会产生很多不同的效应。有时，原子核内部的力不平衡，原子核就不稳定了。一个不稳定的原子核在发射出一个粒子后，就变成了一个稳定的原子核。爆米花在加热的过程中也会有类似的反应。

核衰变模拟

一个不稳定的原子核可以释放出一个粒子来变得稳定，这个过程被称为核衰变。虽然我们不能预知一个原子核什么时候会释放出一个粒子，但如果原子核的数量足够多，我们就可以知道发生核衰变的概率。原子核有半数发生衰变时所需的时间被称为半衰期。不同的原子核有不同的半衰期，一个非常不稳定的原子核的半衰期只有几分之一秒，而一个非常稳定的原子核的半衰期可能会是几千年。

我们可以用微波爆米花来演示核衰变的过程。

准备材料：

· 一袋微波爆米花
· 微波炉
· 计时器
· 厨房秤
· 一支红笔和一支蓝笔

实验步骤：

1.将一袋微波爆米花放进微波炉中，开始加热。

2.当听到爆米花开始爆裂的声音，开始计时，20s后关闭微波炉。

3.小心地打开爆米花的包装（找成年人帮忙），让它冷却一会儿。将爆裂的爆米花和没爆裂的分开。

4.分别数一数爆裂的爆米花和没爆裂的玉米粒的数量，记录下两者的百分比。例如，爆裂的爆米花为30粒，没爆裂的有20粒，那么总数即为50粒。其中爆裂的爆米花所占比重为$30 \div 50 = 60\%$；没爆裂的爆米花所占比重为$20 \div 50 = 40\%$。

5.重复上述实验；分别在爆米花开始爆裂的50s、80s和110s后关闭微波炉，统计实验结果。

实验结果

获得所有的数据后，将每个百分比的数值标注在表内。用红笔表示爆裂的爆米花，用蓝笔表示未爆裂的玉米粒。

分别用红笔和蓝笔将标记的点连接成平滑的曲线。这两条曲线在二者的百分比均约为50%的位置处会相交。从曲线交点处向下垂直于横轴画一条线，看看此时所用的时间，这就是爆米花的"半衰期"。在这段时间后，大约一半的爆米花就会爆裂。答案部分（第146页）有一个示例图表，展示出了下图表的大致内容。

（答案见第146页）

这是什么原理呢?

当袋内的爆米花吸收了足够的热量后，爆米花内部膨胀的力越来越强，就开始爆裂。你无法判断哪一粒爆米花会先爆裂，但因为数量多，所以你可以大概估算出一分钟内将会有多少颗玉米粒变成爆米花。爆米花和核衰变一样，都有自己的"半衰期"。

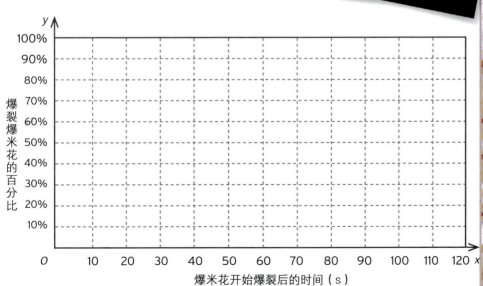

了解：原子内部

原子太小了，我们用肉眼根本看不见。但如果你能观察到原子的内部就会发现，原来周围的事物和你平常所看到的如此不同！即使你拿着一个固体物质，比如岩石，从原子的角度看，其内部几乎都是空的。

指数

有时，你会用到非常大和非常小的数。例如，10亿记为1 000 000 000。但是查看这个巨大的数值里到底有多少个"0"实在太麻烦了，所以我们可以把它记录成10的幂的形式。即10亿=1 000 000 000=10^9，这里面"9"就代表"1"的后面有"9个0"。换言之，要得到10亿，就要将9个10相乘。同理，10亿分之一=0.000 000 001，可以记录为10亿分之一=0.000 000 001=10^{-9}。同样的，这个数值中仍然包含了"9个0"，但这个数值却并不是大数，因为"−"号即表示这个数值是非常小的。10的幂次方叫作指数。

人的头发是一个足球场的宽度的10^{-6}倍

比例感

一个原子大约是人类头发的宽度的10^{-6}倍，人的头发是一个足球场的宽度的10^{-6}倍；足球场的宽度是地球到月球的距离的10^{-6}倍。也就是说，一个原子的宽度是地球到月球的距离的10^{-18}倍。

足球场的宽度是地球

到月球的距离的10^{-6}倍

非常大和非常小的数

几个10的幂的形式相乘时，指数要相加。例如，100万乘以1 000：

· 首先把100万变成10的幂的形式：

100万=1 000 000=10^6

· 然后把1 000变成10的幂的形式：

1 000=10^3

· 两数相乘，指数相加：

$10^6 \times 10^3 = 10^{6+3} = 10^9$

· 为了检验结果是否正确，可以把指数转换成"0"：

$10^9 = 1 000 000 000 = 10$亿

几个10的幂的形式相除，指数要相减。例如，100万除以1 000：

$10^6 \div 10^3 = 10^{6-3} = 10^3 = 1 000$

几个10的幂的形式相乘或相除，其余的数字按常规方法乘或除，指数相加或相减。例如，800万除以2 000：

$(8 \times 10^6) \div (2 \times 10^3) = (8 \div 2) \times 10^{6-3} =$

$4 \times 10^3 = 4 000$。

不同的密度

氢原子有一个质子和一个电子。原子核由质子组成，占据了原子空间的10^{-15}。如果质子的质量是1.7×10^{-27}kg（1.7×10^{-30}t），原子的空间为6×10^{-31}m³，那么，质子的密度是多少呢？密度公式为：

密度=质量÷体积

注意：质子只占原子总体积的很小一部分。

电子很小，它们在电子云中运动，占据了原子的其余空间。电子的质量为9.1×10^{-31}kg。电子云中电子的密度是多少？提示：你可以假设电子云占据了原子的全部空间。

与电子云相比，原子核（质子）的密度要大多少呢？

（答案见第146页）

发现：医学物理

人体的内部是什么样的呢？科学家和医生们可以利用核物理、电磁学，以及物理声学的原理来观察物体和人体的内部。例如，你在生活中或电视上看到过的X射线影像，就是其中的一种。

X射线影像

X射线实际上是一种电磁辐射。X射线是电磁波的一种，它的波长比较短。X射线的波长和原子的大小差不多，不会穿透原子。因此，向物体发射一些X射线，观察它们是如何反射的，然后就可以利用这些信息来获得物体的影像。

骨骼中含有大量的钙，而钙对X射线的反射能力非常强，所以利用X射线来观察人体内部以及骨骼的位置非常适合。如果有人骨折了，医生通常会给他拍一张X射线片，看看损伤或愈合的情况。金属对X射线的反射能力也很强，所以也可以利用X射线来观察人造髋关节，或将其应用于其他医疗设备。X射线的用处虽然很大，然而，接触太多的X射线对人的健康有害，因此必须控制病人X射线检查的次数。

PET影像

PET（正电子发射型计算机断层显像）扫描技术是医生观察人体内部的另一种方式。正电子是带正电荷的电子。当正电子与电子相遇时，它们会结合在一起产生电磁辐射。如果把

X射线

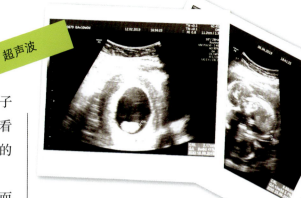

超声波

正电子放进人体内，当它们遇到电子后，就会产生电磁辐射。如果你能看到辐射的来源，就能看到正电子的位置，这就是PET的工作原理。

氧–15可以释放一个正电子，而水中就含有氧。因此，可以将一些含有氧–15的水注射到人体内，然后用PET就可以拍摄出这些水在人体里流动位置的影像。PET可以用来发现癌症等疾病，也可以用来测量血液在大脑和心脏中的流动情况。

磁共振成像

MRI（磁共振成像）是利用磁场来获得人体影像的。这些影像在人体中水和脂肪多的位置最易成像。这使得医生可以看到人体中的"柔软部分"，如患者的器官，以帮助医生发现病人身体内部的损伤和疾病。

超声影像

超声影像是利用超声波来获得人体影像的：声波从身体的某些部位反射回来，形成影像。做超声影像是安全的，所以超声波经常被用于观察身体非常敏感的部位或拍摄大量图像。例如，超声影像可以用来观察胎儿在母体内的发育情况。

磁共振成像

实验：X射线扫描仪和X射线袋

仪器通过X射线扫描可发现包裹中的违禁物品。这种方法可以让安检人员快速地看到包裹内部，并发现坚硬的物品。X射线扫描仪还可以用来寻找珠宝和其他贵重物品，但如果包裹的数量太多，想要做到快捷可靠地搜寻目标就很有难度了。

准备材料：

- · 信封
- · 几张纸
- · 剪刀
- · 强光手电筒
- · 薄的硬纸板（可选）

实验步骤：
包裹扫描

设想这样一个场景：你居住地附近的一家银行被抢劫了，你是一名安检人员，按要求你要在机场数百件包裹中找到丢失的钻石，你能在最短的时间内检查完这些包裹吗？

1. 在纸上画出20个人度假时可能携带的物品的形状。例如，衣服的形状、吸管的形状、相机的形状，等等。

2. 画出从银行被盗的三颗钻石的形状。

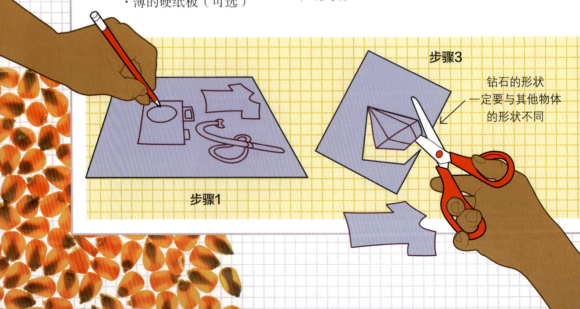

步骤1

步骤3

钻石的形状一定要与其他物体的形状不同

3.将所有的形状剪下，分为"普通物品"和"偷盗"物品。将这些物品以任意组合的方式分别装入5个信封中，装好后，将信封"包裹"打乱顺序，摆放在桌子上。

4.唯一的辅助工具就是手电筒——"X射线"的来源，试着用手电筒找出被盗的物品。拿起一个信封，用"X射线"照射信封的一侧，你透过光查看另一侧。这样做能找到被盗的物品吗？

挑战升级

为了让这个实验更有趣，你可以找两个或更多的朋友加入。

1.每个玩家准备20件常用物品和3颗被偷盗钻石的剪纸。

2.每个玩家准备5个信封（作为包裹），并将它们分别标记为A、B、C、D、E。每个玩家可根据自己的喜好，

将准备好的物品装入信封内，并秘密地将装有偷盗物品的信封编号写下来。然后将信封打乱顺序后，传给自己身边的人。

3.每个玩家用手电的"X射线"查验包裹内的物品，并记录下你认为装有偷盗物品包裹的编号。当所有人都作出判断后，和正确的结果作对比，找到偷盗物品数量最多的玩家获胜。

如果你觉得这种玩法太简单了，为了增加难度，可以给每个参赛者限定时间。在两个人找到偷盗物品数量相同的情况下，用时短者获胜。为了让游戏更具挑战性，在制作物品时，可使用硬纸板来代替纸，这样查找的难度就更大了。

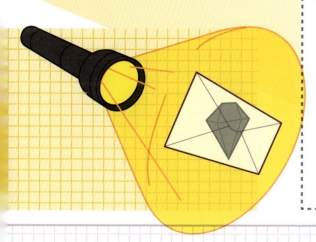

这是什么原理呢？

当你用手电筒照射信封时，纸吸收了一些光，因此你可以看到信封里物品的形状。当形状重叠时，阴影就会变暗。在"X射线"的图像中，密度大的物体更容易反射X射线，所以它们看起来也会更清晰，就像是信封里多张重叠的纸一样。

了解：辐射和橙子

辐射无处不在，不但地球和外太空都存在着自然辐射，就连人体也存在着轻微的放射性，最常见的辐射被称为α、β及γ辐射。

辐射的种类

辐射有许多不同的种类，而每一种辐射都是由不同的粒子组成的。

α辐射和氦原子的原子核一样，有两个质子和两个中子。α辐射通常很容易被吸收，一张纸就足以阻挡它。

β辐射实质上是一个电子。β辐射比α辐射的穿透力稍强，但通常一块金属板也就足以阻挡它的辐射了。

γ辐射是一种波长很短的电磁辐射。波长短意味着能量大，阻挡其辐射的难度也就更大，通常需要使用像铅这样密度很大的材料才能阻挡这种辐射。

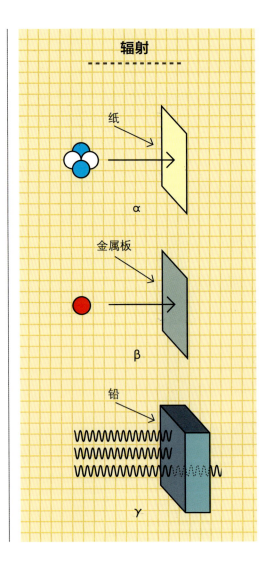

辐射

纸

α

金属板

β

铅

γ

橙子与辐射的"等量换算"

我们都知道,吃橙子对身体很有益处。可是你知道吗?橙子也具有放射性,会释放出 β 和 γ 射线,但辐射量很低,对人体没有危害性。通常,我们可以用橙子释放出来的辐射量来衡量生活中辐射的大小。例如,从伦敦飞往纽约的航班对人体产生的辐射,相当于"吃"了800个橙子。人体所能承受的辐射量上限,相当于每年吸收20 000个橙子所产生的辐射量,即平均每小时吸收略多于2个橙子所释放的辐射量。

1. 假设你坐在一个 α 辐射源、一个 β 辐射源和一个 γ 辐射源旁边。每一个辐射源的辐射量都相当于每小时"吃"2个橙子。一小时后,坐在这些辐射源旁边所吸收的辐射量用"橙子等式"怎么换算呢?一天之后是多少呢?一年之后又是多少呢?你计算出的量,比每年20 000个橙子的上限多还是少呢?

2. 你想要在自己和辐射源之间加些防护措施。如果这层防护是一张纸的话,你觉得可以抵挡所有的辐射吗?如果是一片金属呢?假设1cm厚的铅能阻挡一半的 γ 辐射,你需要使用多少量的铅,才能将这三种辐射源的总辐射降低到人体所能承受的程度,即每年约20 000个橙子的辐射量呢?

（答案见第146页）

趣味真相:有时 γ 射线会被用来杀死水果和蔬菜上的有害细菌,让人们可以更安全地食用。

发现：爆米花制作恒星

制作一颗恒星需要多少数量的爆米花呢？这个问题听起来好像有点不可思议，但实际上，恒星是由很多很多的原子聚集在一起形成的。恒星是一种质量巨大，可以自己发光发热的物体。

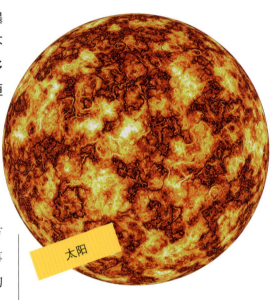

太阳

太阳是怎样形成的

太阳很重，比地球重大约30万倍。太阳的主要组成物质是氢原子（事实上，宇宙的大部分都是由氢原子构成的）。太阳并不总是闪闪发光的，它最初只是一团氢气云团。尽管每个氢原子都非常轻，但却依然具有引力。当原子的数量足够大时，强大的引力就会把它们聚集到一起，最终由氢气云团转变成一个大球。

球体不断地从外部吸引气体，使其内部压强增大，温度上升。在太阳的中心，原子相互撞击，质子偶尔也会相互撞击。虽然在通常情况下，质子都带有相同的电荷，是相互排斥的，但在太阳中心，将它们凝聚到一起的力要比其相互排斥的力大得多。

核聚变

核聚变

两个质子相互撞击，会产生一个中子。在特定条件下，产生的中子再撞击其他的质子，就会组成一个氦原子的原子核，即两个质子和两个中子相结合。像这样由氢变成氦的反应就叫作核聚变，它能够释放出巨大的能量，也正是能量才能使太阳始终光芒四射。

只要一颗恒星有足够的氢原子进行核聚变，它就会一直发光。如果恒星的质量足够大，当它的氢原子耗尽时，其他原子就会发生聚变，从而产生质量更重的原子。这种情况会持续几十亿年，直到这颗恒星（被称作超新星）发生爆炸向整个宇宙释放重原子为止。几乎地球上所有的原子，都源于40多亿年前爆炸的恒星。组成你左手和右手的原子，可能都来自不同的恒星。

用爆米花制作恒星

制作一颗恒星需要多少数量爆米花呢？这个问题听起来很不可思议，爆米花怎么能制作恒星呢？而实际上，制作恒星的材料是什么不重要，重要的是质量。这是因为只要质量足够大的物体从中心开始产生核聚变，最终就会形成一颗恒星。形成一颗恒星所需的最小质量约为1.6×10^{29}kg。如果一个爆米花的重量是0.16g，那么则需要10^{33}颗爆米花才能形成一颗恒星。这些爆米花足够地球上的每个人每天吃一袋，一直吃一万亿年。

实验：制作一个太阳系

我们很难想象，和宇宙中许多其他的星球相比，地球居然是个"小不点儿"。太阳系中有许多行星、卫星及其他天体，但地球和它们之间的距离太遥远了，所以我们很难想象出它们到底是什么样子的，但只要制作一个模型就可以帮助我们解决这个困扰了。

准备材料：

· 玉米粒和爆米花
· 便利贴
· 钢笔
· 颗粒盐
· 柑橘
· 卷尺

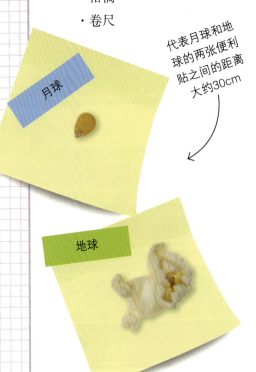

代表月球和地球的两张便利贴之间的距离大约30cm

月球

地球

地球和月球

地球和月球由于引力而相互作用。由于力的作用很强大，所以月球形成了鸡蛋的形状，并始终保持同一面面对地球。地球直径比月球直径大约大3.7倍，就相当于一粒爆米花和一个玉米粒的比例。拿两张便利贴，一张代表地球，一张代表月球。将一粒爆米花（直径约1cm）放在"地球"上，将一粒玉米（直径约0.3cm）放在"月球"上。

地球和月球之间的距离大约是地球直径的30倍。为了更直观地体现出二者的位置关系，将代表月球的便利贴移动到距离代表地球的便利贴30cm的位置。这样你就会直观地了解到地球和月球之间的距离，以及和这个距离比起来，地球到底显得有多渺小了。

我们的太阳系

地球在引力的作用下围绕着太阳旋转（就像月球绕着地球旋转一样）。太阳直径大约比地球直径大108倍，它们之间的距离大约是地球直径大小的12 000倍。为了对它们之间的关系有一个更直观的印象，你可以把一粒盐（直径约0.5mm）放在"地球（爆米花）"上，把一个柑橘（直径约5.5cm）放在代表太阳的便利贴上。把"地球"移动到离"太阳"6m远的位置。这样，你就可以看出和太阳相比，地球是多么渺小了。

木星是太阳系里最大的行星，直径大小是地球直径的10倍，它和太阳之间的距离，比地球和太阳之间的距离还要远5倍。拿一张便利贴代表木星，用四个玉米粒在上面摆成一个正方形（边长大约5.5mm），并将其置于距离"太阳"39m的位置。如果你家空间不够大的话，也可以查一下其他6颗行星的大小和太阳之间的距离，估算出它们应该摆放在什么位置，以及它们和地球的大小关系。

了解：逃逸速度

1969年，两名宇航员第一次登上月球表面。因为火箭是有史以来人类最快的乘载工具，因此他们选择乘坐火箭往返。但为什么他们必须以如此快的速度到达月球呢？

逃逸速度

地球的质量非常大，约为$6×10^{24}$kg。由于地心引力的作用，使物体具有竖直向下的力叫作重力。物体的重力取决于它与地球之间的距离。若你站在地球表面，拿着一个苹果，那么它就是一个普通的苹果的重量。然而，如果你在像月球离地球那么远的太空中遨游，同样的苹果其重量就会变为原来的1/3 600，这就是受距离地心位置远近的影响。如果你把苹果放在地球距离太阳那么远的地方，它的重量将会变为原重量的十亿分之一。

苹果离地面越远，重力的作用就越小。假设你把苹果扔向空中，受重力影响，它的上升速度会变得越来越慢，并最终停止上升，落回地面。如果你用更快的速度将苹果抛出呢？它会到达更高的高度后再落下。如果地心引力在非常远的地方会变得很弱，

那么以足够快的速度扔出苹果，它会永远都回不来吗？原则上是这样的。这种抛出苹果（或任何物体）所必须具有的速度叫作逃逸速度。

地球的逃逸速度非常大，约11.2km/s。不同行星的逃逸速度取决于两大因素：两颗大小相同但质量不同的行星，质量越大，逃逸速度越大；两颗质量相同但大小不同的行星，外形越小，逃逸速度越大。

其他行星的逃逸速度

假设你正在执行一项任务：从地球前往一颗名叫罗慕路斯的行星。这颗行星的半径和地球一样，但质量是地球的四倍。那么，罗慕路斯的逃逸速度比地球的逃逸速度大还是小呢？

接下来，你要去雷穆斯星球，它和地球的质量一样，但半径是地球的9倍。那么，雷穆斯的逃逸速度比地球的逃逸速度大还是小呢？

最后，你前往伏尔甘星，它的质量是地球的9倍，半径是地球的1/4。那么，伏尔甘星的逃逸速度和地球的逃逸速度相比，是大还是小呢？

下面是一些食物、动物、星球的逃逸速度：

· 玉米粒：1.5×10^{-6}m/s

· 大象：9×10^{-4}m/s

· 月亮：2.4×10^{3}m/s

· 太阳：1.67×10^{4}m/s

· 中子星（宇宙中质量最大的天体之一）1.6×10^{8}m/s

· 黑洞（宇宙中最重的天体）无法想象。没有任何物体可以逃离黑洞。

（答案见第147页）

发现：火箭和宇宙飞船的原理

离地球很远的地方有一座国际空间站（ISS），来自世界各地的宇航员在那里生活和工作，空间站通过火箭运送食物和其他生活必需品。很多人认为航空科学技术很难，但火箭在地球与空间站之间往返的原理其实很简单。

发射火箭

火箭必须达到非常高的速度才能发射。它们的速度需要比汽车快1 000倍，火箭发射需要消耗大量的能量。火箭发射的原理很容易理解。牛顿第三定律指出，每个作用力都有一个大小相等，方向相反且与之在同一直线的反作用力。如果你穿着溜冰鞋，向前扔一个很重的球，根据牛顿第三定律，你会受到一个反作用力，从而向后移动。

火箭的发射原理也是如此，但火箭是垂直运动，而不是水平运动的。它们燃烧燃料，然后迅速地将产生的高压气体喷射出来。根据牛顿第三定律，火箭向上运动的力和向下喷射的力是相等的。如果足够多的高压气体以足够快的速度被喷射下来，那么火箭就会上升。如果火箭达到了11.2km/s的

逃逸速度，就可以摆脱地球的引力了。

火箭发射后，不会马上就以最快的速度进入太空。火箭在太空中的任务实际上需要很多不同的阶段来完成。火箭在飞行过程中，随着燃烧剂的消耗，它的质量会不断减小，所以当燃烧剂燃烧几分钟后，很多质量就被消耗掉了。在这个过程中，火

箭的部分部件脱离上升的火箭，落回到地球上一个安全的位置，而火箭会继续燃烧燃料，随着质量的不断减少，火箭就可以更快地达到所需的速度。

国际空间站

国际空间站以一种非常特殊的方式绕着地球运行。空间站以很快的速度绕地球运动，虽然空间站总是有向地球坠落的趋势，但却从来没有离地球更近过。为了想明白这个原理，你可以想象这样一个场景：一座大山顶上放着一门大炮，如果你发射一枚炮弹，它会坠落并最终击中地面。如果炮弹的速度更快，那么在击中地球之前炮弹会飞得更远。你可以通过控制炮弹的速度来控制它飞行的距离。因此，如果炮弹的速度足够快，它就会一直绕着地球飞行而永远不会着陆。这也就是国际空间站保持在同一高度绕地球运行的原理：由于空间站绕地球运动的速度非常快，因此完全抵消了地球引力的影响。

宇航员们感觉自己"失重"了。他们可以绕着空间站"游泳"和旋转，随意地飘上飘下对他们来说就更是不足为奇。如果他们自己做好爆米花，打开袋子时，爆米花会无序地漂浮在空中。在太空舱中进食、饮水和清洁都需要一段时间来适应。因为感觉不到重力的作用，宇航员们必须做一些特殊的运动来保持身体健康。

实验：制作航天飞机

航天飞机是一种往返于近地轨道和地面间的、可重复使用的运载工具。它既能像运载火箭那样垂直起飞，又能像飞机那样在返回大气层后在机场着陆。现在，你将通过制作一架属于自己的模型来了解航天飞机的各个部分。制作材料使用日常的厨房用品就可以。

航天飞机由四个主要的部分构成：载有宇航员和设备的轨道器、两个固体燃料助推火箭和燃料箱。火箭的运作方式是通过燃烧燃料，排出高压气体，推动航天飞机升空。

准备材料：

· 一个容量约为2 L的空塑料瓶

· 两个纸筒

· 两个空的酸奶瓶（清洗干净）

· 一个1L的平顶空纸箱

· 几张硬纸板

· 胶带

· 纸

· 记号笔

· 纸盘

· 颜料（可选）

· 剪刀

实验步骤：

航天飞机的模型由轨道器、燃料箱和固体燃料助推火箭组成。

1.用一个大塑料瓶制作燃料箱。如果想让塑料瓶模型看起来更逼真，你可以用纸把塑料瓶包裹起来，并涂上颜色。

2.将纸包裹在两个纸筒的外面做装饰，制作固体燃料助推火箭。

3.在每个助推火箭底部安装一个酸奶瓶来制作助推器。高压气体就是从助推器喷射出来的。

4.在助推火箭的顶部粘上纸质的锥体。先将纸剪出一个半圆形，然后将两条边重合在一起，用胶带固定，这样就可以做出一个纸的圆锥体。然后再将锥体的底部用胶带固定在助推火箭的顶部。

5.用纸覆盖平顶纸箱，制作轨道器。你可以在纸上写上航天飞机的名字，画上国旗作为装饰。

6.从硬纸板上剪下机翼，贴在轨道器的两侧。再从纸板上剪下一个尾翼，贴在轨道器的底部，如下图所示。

7.用2.5cm长的环形胶带将轨道器固定在燃料箱顶部。用同样的方法将助推火箭固定在燃料箱的左右两侧。

发射航天飞机

将一个纸盘底部朝上放置，作为发射台。将做好的航天飞机放在发射台上，准备好后，拿起航天飞机模拟发射。首先要"分离"的是助推火箭部分。航天飞机在接近轨道时，分离燃料箱。最后，只剩下轨道器在轨道上运行，直到航天飞机将要返回地球为止。

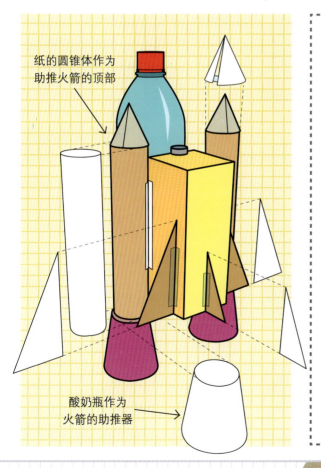

纸的圆锥体作为助推火箭的顶部

酸奶瓶作为火箭的助推器

这是什么原理呢？

航天飞机的质量非常大，因此航天飞机在发射的过程中将助推火箭和燃料箱分离，以尽可能地减轻其质量。航天飞机的独特设计可以使其在发射过程中所受的空气阻力尽量最小化，而轨道器的设计可以使其顺利返回地球。

为了在返回地球时能够降低速度，轨道器会向后倒立飞行一段时间。当接近地球时，轨道器就会翻转回来。着陆前，轨道器的轮子就像飞机的轮子那样，会伸展出来。随后，它会被连接到一架大型飞机的后面，返回地球。

了解：太空任务

科学家们研制并向太空发射宇宙飞船已经有60多年的时间了。这些太空任务为科学家们带回了有关宇宙的信息，也在外太空留下了一些关于人类的信息，关于太空任务还有很多有趣的问题。

太空任务

太空任务有很多，航天器有时需要着陆在不同的星球，有时则需要围绕着地球运行。每一个实验都能让科学家们了解到一些关于宇宙的不同知识，帮助他们更多地了解宇宙。成功的太空任务是很难实现的，所以每一个任务通常都只是在上一个任务的基础上前进一小步。

你能把这些飞行器的名称和任务匹配起来吗？提示：飞向太空比登陆月球容易，登陆月球比登陆其他星球容易。飞向其他行星很难，着陆更难，而飞向彗星或小行星更是难上加难。你知道吗？飞离地球最远的航天器已经在太空中遨游了近50年。

1.斯普特尼克号（1957，苏联）

2.先驱者1号（1958，美国）

3.东方1号（1961，苏联）

4.水手2号（1962，美国）

5.阿波罗11号（1969，美国）

6.旅行者1号（1977，美国）

7.乔托号（1958，欧洲空间局）

8.火星探路者号（1996，美国）

9.国际空间站（1998，多国共同建造）

10.隼鸟2号（2014，日本、德国、法国）

11.欧罗巴快船（预计2025年发射美国）

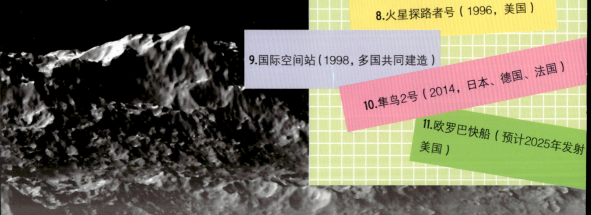

太空任务：

a）这颗人造卫星飞行了将近210亿千米，是人类有史以来发射的距离地球最远的飞行器。虽然它已经离开了太阳系，但科学家们依旧可以接收到它的信号。

b）经过了近10年的太空竞争，这项任务是人类第一次成功登月。宇航员尼尔·阿姆斯特朗和巴兹·奥尔德林在月球表面行走了两个多小时。

c）哈雷彗星是一块巨大的岩石，每76年绕太阳运动一周。这次任务就是近距离地观测哈雷彗星。

d）这次任务向太空发射了第一颗人造卫星。人造卫星不断地发射无线电信号，当这些信号被地球探测到时，听起来像嘟嘟声。

e）这次任务发射了一个空间站，使得宇航员可以在太空中生活，并参与各种实验。空间站每90分钟绕地球运行一周。如果没有各国的通力合作，这项任务是不可能实现的。

f）这是一项前往木卫二的计划。木卫二是木星的卫星之一，这颗卫星上有海洋，因此可能有生命存在。

g）这个任务是月球车第一次在另一个星球上巡视。月球车是一种可以在其他行星和卫星上行驶的特殊车辆。

h）这项任务是人类第一次乘坐宇宙飞船进入太空，并绕地球运动一周。尤里·加加林作为成功进入太空的第一人，成为苏联的英雄。

i）这个任务是航天器首次访问另一个行星——金星。金星的大小和地球差不多，但却因失控的温室效应而成为太阳系中最热的行星。金星的大气中含有酸，因此即便对于机器人来说，那也是个很危险的地方。

j）这次任务是美国首次发射宇宙探测器。它没有到达月球，但却传回了一些地球附近宇宙空间的数据。

k）这是宇宙飞船第一次在小行星（一颗绕太阳运行的大岩石）上着陆，并带着样本离开的任务。它于2020年返回地球。

（答案见第147页）

发现：狭义相对论

坐在火车上望向窗外时，你是否正好看到另一列火车经过呢？在这种情况下，很难分辨出是你乘坐的火车在运动，另一列火车在静止；还是另一列火车在运动，你乘坐的火车在静止。

鱼和消防车

16世纪时，意大利科学家伽利略对物体的运动产生了浓厚的兴趣。过去人们通常认为，一个物体只有在被不断推动的情况下才会保持移动。但伽利略认为，如果没有摩擦，移动的物体会继续移动。这就像你在冰上打冰球，因为冰面很光滑，所以冰球就会一直滑行。伽利略为了进一步证明自己的观点，做了这样一个设想：一艘船在平静的水面上航行。一条金鱼在船上的碗里游泳，如果金鱼看不见外面，那么它知道船是在平静的水面上航行还是停靠在码头吗？如果换做是人，若船移动得非常平稳，同时这个人又看不见外面，他很难判断自己是否在移动。这个理论被称为相对论，而这个例子也被作为其范例之一。在很长一段时间里，人们都觉得这个理论太过简单，而且非常无聊。

然而，这一切在20世纪初发生了改变。当物理学家发现光在真空中总是以299 792 458m/s的相同速度传播后，物理学家阿尔伯特·爱因斯坦对这一结论如痴如狂。他设想了一个人在消防车里的场景：人坐在消防车上，可以用水管以5m/s的速度向外喷水。假设消防车以10m/s的速度行驶，同时，消防车上的人一直用水管喷水。那么，水从水管喷出的速度有多快？对于在消防车上的人来说，它的速度是5m/s。而对于

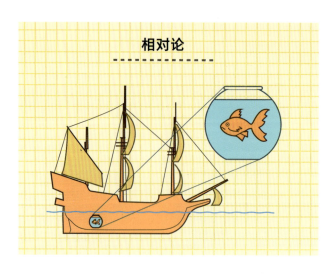

相对论

地面上的人来说，它的速度是5m/s+10m/s=15m/s，也就是消防车的速度与水管流出水的速度之和。

爱因斯坦设想着自己坐在世界最快的消防车上，那么，如果这辆消防车里有手电筒和水管，他会看到什么？想象一下，消防车的速度如果是每秒1.5亿m，水从水管喷出的速度是多少呢？答案是150 000 005m/s。

光的特殊性

爱因斯坦手上的手电筒发出的光的速度是多少呢？使用上述逻辑，答案应该是1.5亿m/s，但事实却不是这样的，光速应为299 792 458m/s。因为在真空中光速是永远不会变的，所以无论是对坐在消防车里的爱因斯坦，或是地上的人们来说，光速是一样的。

这怎么可能呢？爱因斯坦花了很长时间才得出答案。经过反复的思考，他意识到，若想让每个人都认同光速，那么对相对论的普遍认识就必须改变。他发现，当物体加速时，有三件事情会发生变化：

·相对于静止的人来说，运动物体的时间似乎变慢了。

·相对于静止的人来说，运动物体的长度似乎变短了。

·相对于静止的人来说，运动物体的质量似乎增加了。

一开始，人们很难接受这个观点，但每个实验都证实了这三个事实。想象一下，如果你乘坐一艘宇宙飞船，以光速的一半为速度，飞去离地球最近的比邻星。从地球上的人的角度来看，这段旅程需要8.8年，但在宇宙飞船上你只需要度过7.6年的时间。

阿尔伯特·爱因斯坦

实验：引力和广义相对论

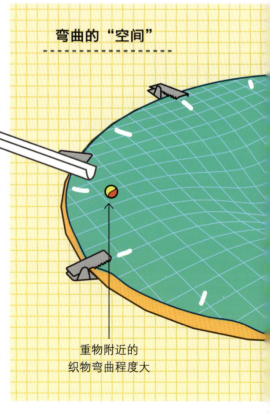

需在成人陪同下进行

地球沿着太阳做直线运动，可最后运行轨道为什么变成了一个圆呢？这个实验将帮助你理解这一现象。

准备材料：

· 临时蹦床（参见下图介绍）或蹦床

· 弹珠

· 两块重的石头

· 几张卡纸

· 便利贴

实验步骤：

1.像时钟的刻度那样，用便利贴在蹦床的边缘做好记号。

2.将卡纸对折，做成一个用来滚动弹珠的斜槽。

制作临时蹦床

· 塑料圈

· 氨纶或其他比塑料圈大的弹力织物

· 八个强力长尾夹

· 四把椅子

做法：

找成年人来帮忙。轻轻地将弹力织物包裹在塑料圈的表面，用长尾夹将外圈固定，且排列均匀。将固定好织物的塑料圈放在四把椅子上，使其中心离地面至少30cm高。

弯曲的"空间"

纸板斜槽

重物附近的织物弯曲程度大

3.站在蹦床外侧6点钟的方向，使用纸板斜槽将弹珠滚向9点、12点和3点钟的位置，弹珠应该沿着蹦床表面做直线运动。

4.将一块重的石头轻轻地放在蹦床中心。

5.重复第3步，弹珠不再沿直线运动，而是做曲线运动。

6.从不同的角度滚动弹珠，看看它是否能绕过石头转到蹦床的另一边。

7.把两块石头放在蹦床上，二者相距50cm。你能使弹珠在石头的周围画出"8"字形吗？

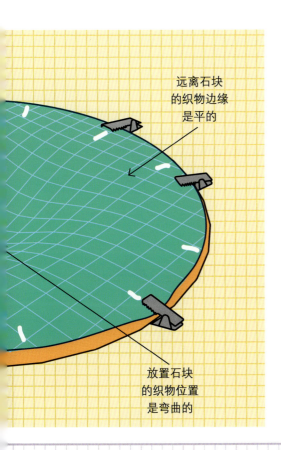

远离石块的织物边缘是平的

放置石块的织物位置是弯曲的

这是什么原理呢？

爱因斯坦的相对论指出，引力不是一种力，它是空间（和时间）弯曲。当弹珠滚过空的蹦床表面时，弹珠会沿着直线运动。沉重的石头改变了蹦床表面的形状，使其弯曲。当弹珠在弯曲的蹦床表面移动时，它们尽可能沿着一条直线移动，但因为表面是弯曲的，所以其运动的路线也必然是弯曲的。

地球绕着太阳运行，因为太阳的质量太大了，使它周围的时空弯曲。如果没有太阳，地球将继续沿直线在太空中遨游。在弯曲的空间中，地球绕着一个大圆圈运动，这使它看起来像有一个引力把地球拉向太阳。引力是一种力还是时空弯曲呢？按照目前的说法，两者皆有道理。

了解：高速的宇宙飞船

太空中最快的速度是光速，但即使是光速，也需要4.4年才能到达离地球最近的恒星。而光要从地球到达一个最近的星系则需要更长的时间——大约需要 25 000 年的时间。

相对论的影响

相对论对高速的宇宙飞船有三个主要影响：

·在一艘高速运转的宇宙飞船上，时间会变慢。

·高速飞行的宇宙飞船，长度会缩短。

·高速飞行的宇宙飞船，质量会增加。

这些改变受相对论因子的影响。例如，一艘飞行速度非常快的宇宙飞船，其机载时钟的时间会比正常的时钟慢一半，飞船长度也会缩小一半，而质量会变为原来的两倍。

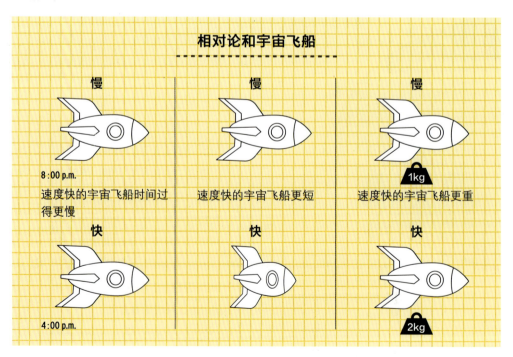

相对论和宇宙飞船

慢　　　　　　　　慢　　　　　　　　慢

8:00 p.m.

速度快的宇宙飞船时间过　　速度快的宇宙飞船更短　　速度快的宇宙飞船更重
得更慢

快　　　　　　　　快　　　　　　　　快

4:00 p.m.

太空休息

假设你正在执行一项太空任务，停在一颗附近的行星上休息时，看到三艘宇宙飞船经过。你知道宇宙飞船的建造规模为：长1 000m，重100t，尾部有一个每秒闪烁一次的警示灯。那么，你能根据这些宇宙飞船现在的情况，按速度给它们排序吗？

· 第一艘宇宙飞船大概250m长。

· 第二艘宇宙飞船质量大约为500t。

· 第三艘飞船上的警示灯大概每3s闪一次。

颜色和速度

相对论的另一个效应是颜色的变化。颜色的变化取决于宇宙飞船飞行的速度。对于高速飞行的宇宙飞船来说，随着距离变短，时间变缓，波长以及宇宙飞船发出的光的颜色也会发生改变：宇宙飞船向地球的方向飞行时发出的光是蓝色的，远离地球时发出的光是红色的。飞行的速度越快，颜色也会随之变得更蓝或更红，被称为红移和蓝移。就像救护车的警笛一样，在救护车接近观测者时音调上升，远离观测者时音调下降。

发现宇宙飞船

你在太空休息的时候，看到了更多的宇宙飞船，它们静止的时候是白色的。在你的左边，是宇宙飞船A和B。宇宙飞船A是浅蓝色的，宇宙飞船B的颜色非常红。在你的右边，是宇宙飞船C和D。宇宙飞船C是深蓝色的；而宇宙飞船D是白色的。你认

为哪一艘宇宙飞船的速度最快呢？对于宇宙飞船C的驾驶员来说，哪一艘飞船看起来最鲜艳（蓝色或红色最多）呢？哪一艘看起来颜色最淡呢？

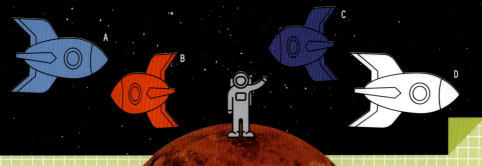

（答案见第147页）

发现：地球和太阳系

几千年来，人们在夜晚仰望天空时，都会被星星所吸引。是什么使它们以这种方式移动的呢？为什么天上的星星总是保持同样的排列顺序呢？科学家们花了几个世纪的时间来研究这些问题，寻找地球在宇宙中的位置。

繁星之夜

在一个晴朗的夜晚，我们可以看到天空中成千上万颗星星。一个小时过后，我们会很明显地发现它们在天空中的位置发生了变化。所有的星星似乎都在以同样的方式移动，仿佛它们是在一个巨大的球体上。只有一颗星星，看起来好像没有变化，它就是北极星。

古希腊的天文学家认为这些恒星是在一个巨大的球状壳上，这个壳叫作以太，它的顶部是北极星。他们认为以太是旋转的，而地球是静止的，因此，星星看起来似乎在天空中移动。实际上，地球是绕着地轴旋转的，所以看起来好像是星星在移动。经历了数百年的时间，地球自转这一理论才被人类证实和接受，因为认为地球不转动似乎是很自然的，而地球的运动仅凭人类的感官是无法感知的。

科学是通过制作模型来了解世界的。科学家们制作的模型应该尽可能简单化，一个包含大量细节或假设的复杂的世界模型，很可能是错误的。如果一个细节可以代替许多细节，那么模型就会更简单，也更可能接近真实。例如，一个所有星星以相同的方式运动，但彼此相距数百万千米的模型，包含了数千种的假设，而只有地球自转的模型相对就简单得多。

太阳和月亮

　　天空中变化最明显的是太阳和月亮的位置。每天，太阳和月亮似乎都在天空中移动。如果月球绕着地球转，或者地球绕着地轴自转，这就说得通了。若从制作模型的角度来讲，地球自转的模型比月球运动的模型要简单得多。

　　在一年的时间里，似乎夏天太阳在天空中的位置更高一些，而在冬天会略低一些。如果太阳绕着地球公转，或者地球绕着太阳公转，这就说得通了。观察地球仪就可以清楚地发现地轴是成角度的。正是这个角度的存在，使得太阳随着季节的变化，在天空中的位置或高或低。

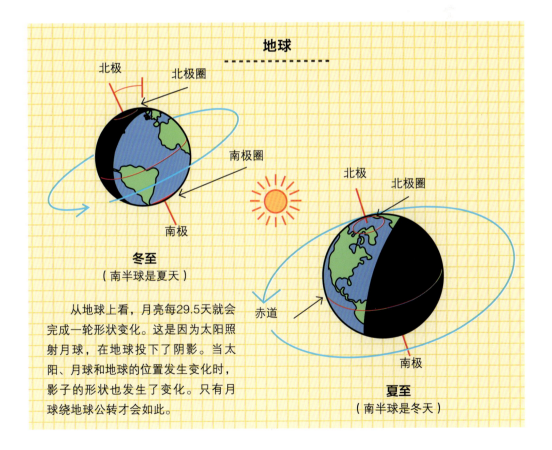

地球

北极
北极圈
南极圈
南极

冬至
（南半球是夏天）

北极
北极圈
赤道
南极

夏至
（南半球是冬天）

　　从地球上看，月亮每29.5天就会完成一轮形状变化。这是因为太阳照射月球，在地球投下了阴影。当太阳、月球和地球的位置发生变化时，影子的形状也发生了变化。只有月球绕地球公转才会如此。

实验：地球的视角

太阳系是由太阳、八大行星以及数千个其他行星组成的。它们都在引力的作用下移动。在某一特定时间，我们很容易找到恒星的位置，但行星的位置却不太容易掌握。

绘制地图

大约500年前，科学家们认为地球绕地轴旋转，月球绕地球旋转，就连太阳也是绕地球旋转的。但是，天空中仍有一些天体似乎以一种奇怪的方式和恒星朝着反方向移动。几个世纪以来，科学家们一直在追踪这些天体，并将它们称为行星，而行星在希腊语中的意思为"流浪者"——因为它们会在一段时期内首先向前移动，继而向后移动，然后再次向前移动。科学家们从地球的视角绘制

了一张火星运动轨迹的地图，他们设想太阳围绕着地球旋转，而火星围绕着太阳旋转。如图所示，他们将地球画在了中心位置。你可以用手指追踪火星从1580年到1596年的运动轨迹。你会发现火星大多数时间是向前移动的，但在每到达"小圆环"轨道（如图所示）时，却是向后的。

准备材料：

·螺旋绘图尺

实验步骤：

你可能会觉得左边的图形很眼熟，这是因为它跟螺旋绘图尺所绘的图案类似。绘图时，以圆形（或其他形状）为轨迹画线，用来表示从地球的角度看火星是如何运动的。地球位于大齿轮的中心，小齿轮的中心代表太阳。

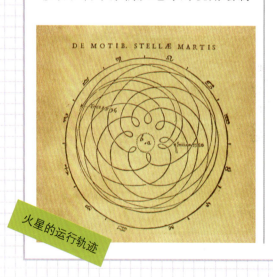

DE MOTIB. STELLÆ MARTIS

火星的运行轨迹

1.使用螺旋绘图尺开始绘制。当你转动小齿轮时，它的中心到"地球"的距离一直都是相同的。

2.火星离太阳的距离是地球的1.5倍，所以在画火星的时候，找一个距离小齿轮中心为地球到太阳距离1.5倍的点。

3.当你画的时候，你所做的图案应该接近134页的图示。尝试使用不同的齿轮画图，试试从地球的视角来看，不同行星的运动轨迹都是什么样的。例如，金星和太阳之间的距离为地球和太阳之间距离的0.75倍。

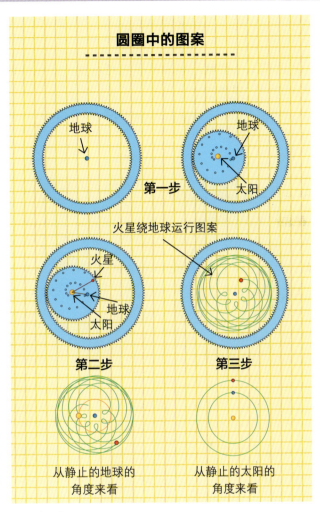

圆圈中的图案

地球

地球

太阳

第一步

火星绕地球运行图案

火星

地球

太阳

第二步

第三步

从静止的地球的角度来看

从静止的太阳的角度来看

这是什么原理呢？

这些美丽的图案反映了从地球的角度看见的行星轨迹。因为每颗行星看起来都像是在绕圈运行，所以如果从太阳的角度看，就简单多了。通过对这些图案的研究，科学家们发现，太阳是太阳系的中心，而地球只是一颗行星。行星的轨道并不完全是圆的，所以它们的轨道图形会更复杂一些，但是它们会在数十亿年的时间里一直遵循着这些轨道运行。

了解：看见行星

古时候，人类就已经发现了五颗行星（不包括地球）。在夜间，这些行星肉眼可见，无须望远镜也可观测到，而且每一颗行星都略有不同，例如，土星的密度比水小，木星有79颗卫星。

太阳系中的行星

根据各行星的不同属性，在表格中填入"√"和"×"来完成谜题。例如，在五颗行星中，土星离太阳最远，因此在表格中土星对应的位置画"√"，其他行星的对应位置画"×"。使用剩下的线索将表格填满。表格完成后，再将下表填写完整，以便对这些行星有更进一步的了解。

· 最热的行星，温室效应已经失控。

· 最大的行星，上面有巨大的风暴。

· 一天超过一年的行星，离太阳最近。

· 火星是红色的行星。

· 土星的赤道周围有光环。

· 最大的行星是木星。

· 最热的行星是离太阳第二近的行星，第二热的行星离太阳最近。

· 火星离太阳的距离比金星远。

· 最大的行星离太阳第二远，第二大的行星距离太阳最远。

· 水星是离太阳最近的行星。

· 金星比水星和火星都大。

· 最小的行星是水星。

· 土星比木星冷，木星比火星冷。

	与太阳的距离（千米）	表面温度（摄氏度）	半径（千米）	特性
木星				
火星				
水星				
土星				
金星				

当然，望远镜的发明使我们能够发现太阳系中更多的物体。其中包括：天王星、海王星、矮行星冥王星、小行星带，以及彗星。到目前为止，人类已经发现了太阳系中的8颗行星、5颗矮行星、181颗卫星、3083颗彗星和50多万颗小行星。

（答案见第147页）

		名称					与太阳的距离					表面温度					半径					特性				
		木星	火星	水星	土星	金星	58 000 000 km	108 000 000 km	228 000 000 km	779 000 000 km	1 434 000 000 km	-150℃	-145℃	–63℃	427℃	462℃	2 440km	3 390km	6 052km	58 232km	69 911km	有巨大风暴	表面是红色的	赤道周围有光环	温室效应失控	一天比一年长
名称	木星	✓	✗	✗	✗	✗					✗															
	火星	✗	✓	✗	✗	✗					✗															
	水星	✗	✗	✓	✗	✗					✗															
	土星	✗	✗	✗	✓	✗	✗	✗	✗	✗	✓															
	金星	✗	✗	✗	✗	✓					✗															
与太阳的距离	58 000 000km				✗		✓	✗	✗	✗	✗															
	108 000 000km				✗		✗	✓	✗	✗	✗															
	228 000 000km				✗		✗	✗	✓	✗	✗															
	779 000 000km				✗		✗	✗	✗	✓	✗															
	1 434 000 000km	✗	✗	✗	✓	✗	✗	✗	✗	✗	✓															
表面温度	-150℃											✓	✗	✗	✗	✗										
	-145℃											✗	✓	✗	✗	✗										
	–63℃											✗	✗	✓	✗	✗										
	427℃											✗	✗	✗	✓	✗										
	462℃											✗	✗	✗	✗	✓										
半径	2 440km																✓	✗	✗	✗	✗					
	3 390km																✗	✓	✗	✗	✗					
	6 052km																✗	✗	✓	✗	✗					
	58 232km																✗	✗	✗	✓	✗					
	69 911km																✗	✗	✗	✗	✓					
特性	有巨大风暴																					✓	✗	✗	✗	✗
	表面是红色的																					✗	✓	✗	✗	✗
	赤道周围有光环																					✗	✗	✓	✗	✗
	温室效应失控																					✗	✗	✗	✓	✗
	一天比一年长																					✗	✗	✗	✗	✓

答　案

答 案

P4—P5 第一次爆米花实验

将爆米花放入水中后，由于其内部结构比较蓬松，会吸收部分水分，所以水位几乎不会上升。密度降低是因为玉米粒变成爆米花后，被膨化了。

P12 密度

这些答案都是近似值，所以你的答案和以下答案可能会略有出入。

玉米粒的质量约为0.16g，爆米花质量约为0.14 g，质量差0.02g。

83粒玉米粒使水位上升了10mL。其质量为 $83 \times 0.16g = 13.3g$。因此，其密度为 $13.3g \div 10cm^3 = 1.33g/cm^3$。

25粒爆米花的体积为125cm³，质量为 $25 \times 0.14g = 3.5g$。因此，其密度为 $3.5g \div 125cm^3 = 0.028g/cm^3$。

密度比为 $1.33 : 0.028 = 47.5$。

最好是卖没加工过的玉米粒。当玉米粒被加工成爆米花后，质量大致不变，但占用的空间却更大了，这使得来回搬运和存储的成本都变高了。

P13 热传递

1.炉火和锅之间发生了热传导，锅将热量传递给水是热对流现象。

2.热量从太阳传递到冰是热辐射，从地面传递到冰是热传导。

3.手的热量传递给巧克力是热传导。

4.水的内部和水蒸气上升都是热对流现象。

5.火将热量传递给人是热辐射，而火周围的空气升温时，发生的是热对流。

6.脚和冰袋之间的热量传递现象是热传导。

7.热空气与冷空气混合时产生的热量传递现象是热对流。

P16—P17 水变水蒸气

这些答案都不是十分精确的数值，因此你的答案和以下答案可能会略有出入。

· 烧水之前，水和水壶的质量是1.636kg。

· 水开之后，水和水壶的质量是1.631kg。

· 水的质量减少了5g。

· 水的体积减少了5cm³。

壶嘴的面积：

$\pi \times 1cm \times 1cm = 3.14cm^2$

· 蒸汽上升至50cm处需要0.5s，所以蒸汽的速度是：

$50cm \div 0.5s = 100cm \cdot s^{-1}$

· 因此，每秒产生的蒸汽体积为：

$3.14cm^2 \times 100cm \cdot s^{-1} = 314cm^3 \cdot s^{-1}$

· 从产生蒸汽到水沸腾所用的时间是10.5s。

· 产生的蒸汽的体积是：314cm³·s⁻¹×10.5s= 3,297cm³

· 因此，蒸汽的体积大约是产生蒸气的水的体积的660倍。

P20—P21 制作爆米花需要的压强

假设一个爆米花产生的蒸汽量是0.02g。

假设一粒玉米粒的体积是0.4cm³。

温度是176℃。

压强应为：

压强=每个爆米花产生的蒸汽量（g）× 温度(℃) ÷ 玉米粒的体积（cm³）

将数值代入：

压强=0.02g×176℃÷0.4cm³=8.8

所以，玉米粒内部的压强比大气压高7.8倍。

P22—P23 跷跷板等式

· 爆米花受热后，内部的水蒸气（即气体）增加，温度也随之升高。水蒸气的体积保持不变。

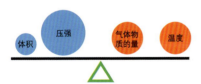

体积×压强=气体物质的量×温度

温度和气体物质的量增加，压强增加，跷跷板平衡。

· 热气球内部的气体温度下降，压强不变，气体物质的量不变。

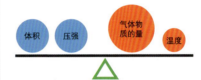

体积×压强=气体物质的量×温度

温度降低，体积减小，跷跷板平衡。

· 将气球继续吹大，其内部的气体温度保持不变。

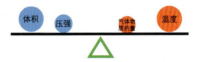

体积×压强=气体物质的量×温度

气体物质的量增加，压强和体积增加，跷跷板平衡。

· 打开一瓶汽水的时候，你会发现里面冒出很多气。瓶内气体的温度保持不变。

体积×压强=气体物质的量×温度

气体物质的量减少，压强减小，跷跷板平衡。

P26—P27 水的固态（s）、液态（l）和气态（g）

1.a.分子没有固定的形状，不易聚拢在一起。（g）

1.b.分子按固定模式有规则地排列。（s）

1.c.分子没有固定的形状，但通常都会聚集在一起。（l）

2.a.分子排列紧密。（s）

2.b.分子之间的间距很大。（g）

2.c.分子排列紧密，且具有流动性。（l）

3.a.分子不能随意运动，只能围绕各自的平衡位置做振动。（s）

3.b.分子间可以自由移动，但不会和其他分子分散或远离。（l）

3.c.分子可做自由运动，向任何方向都可以快速运动。（g）

4.a.这类的代表物质有水、油和火山岩浆。（l）

4.b.这类的代表物质有空气、水蒸气和氦气。（g）

4.c.这类的代表物质有沙子、木材和橡胶。（s）

5.a.其形状随着容器的变化而改变，但体积保持不变。（l）

5.b.其形态发生改变，形状才会变化。（s）

5.c.其形状会随着容器的变化而改变，但体积会扩散并填满整个容器。（g）

6.a.加热后会沸腾。（l）

6.b.加热后会膨胀或压强增大。（g）

6.c.加热后体积轻微变化，逐渐融化。（s）

7.a.如果用锤子敲击它，不会发生什么变化。（g）

7.b.如果用锤子敲击它，物质只有和锤子接触时才会移动。会有波纹出现。（l）

7.c.如果用锤子敲击它，整个物质都会移动。（s）

P36—P37 电和磁

1. a)

b)
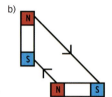
c)

d)

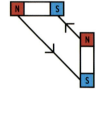

2.如果将带有正电荷的物体置于星星处，箭头表示带电物体移动的方向。

a)　　b)
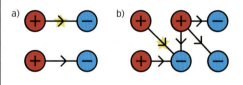
c)
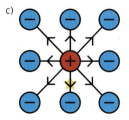

3.如果将一个指南针置于星星所在的位置，那么箭头的方向就是指南针指针所指的方向。

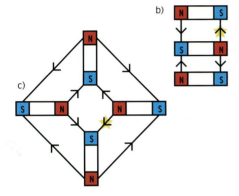

P48 波的传播速度有多快？

1.海洋中的水波速度大约是2m/s

2.空气中的声波速度大约是343m/s

3.水中的声波速度大约是1 482m/s

4.地震波速度大约是13 992m/s

5.光波速度大约是299 785 024m/s

P49 可见光之外的光

a.扫描机场行李中的危险物品（X射线）

b.研究小块金属的结构（X射线）

c.拍摄人体内部器官的影像（X射线）

d.杀死医疗设备上的微生物（紫外线）

e.查验伪钞（紫外线）

f.检测几英尺之内是否有人（红外线、可见光、伽马射线）

g.热成像（红外线）

h.夜视照相机（红外线）

i.用微波炉加热食物（微波）

j.手机和Wi-Fi的信号（微波）

k.远距离信息传输（无线电波）

l.全球定位系统（GPS）的信号（无线电波）

P56 电路

如果微波炉的额定功率是800w，电位差是220v，那么通过微波炉的电流如下：

电流=功率÷电位差

电流≈3.64安培

电阻为：

电阻=电位差÷电流

电阻≈60.44欧姆

如果将功率降低到原来的1/3，电流也需要降低到原来的1/3。也就是说，在电位差相同的前提下，电阻应该增加3倍，所以电阻应该约为181Ω。

P57 不同的发电厂

1.燃煤电厂（非再生能源）

2.使用太阳能电池的太阳能发电厂（可再生能源）

3.风力发电厂（可再生能源）

4.燃油发电厂（非再生能源）

5.水力（流水）发电厂（可再生能源）

6.燃气发电厂（非再生能源）

7.固体废物焚烧发电厂（可再生能源）

8.潮汐能发电厂（利用海洋的潮汐）（可再生能源）

9.核电厂（非再生能源）

10.地热能发电厂（利用地球的热量）（可再生能源）

P66—P67 用光子发送密码

1.鲍勃发送的是：Okay. Let's go on Tuesday.（好的，我们星期二去。）

2.鲍勃发送的是：Hi, Alice. This is Bob.（你好！爱丽丝，我是鲍勃。）

3.爱丽丝发送的是：Hello（你好！）

P74—P75 速度图表

1.加速度：

（22m/s−13m/s）÷10s=9m/s÷10s=0.9m/s²。平均速度：（22m/s+13m/s）÷2= 17.5m/s。

2.公交车的加速度为：

10m/s÷6s=1.67m/s²。

公交车行驶的距离=速度×时间。平均速度是5m/s，距离=5m/s×6s= 30m。

3.汽车的初始加速度约：10m/s÷5s=2m/s²。卡车的加速度为：6m/s÷5s= 1.2m/s²。

汽车行驶的距离就是蓝线下面的区域。在每个加速阶段，距离为：10×5÷2=25m。在每段匀速区间，距离为：10×5=50m。有四个加速和两个匀速区间。总距离为：

（4×25）+（2×50）=200m。

卡车采用同样的计算方法：在每段加速期间的行驶距离为6×5÷2=15m。匀速区间，距离为：6×35=210m。两个加速度和一个匀速区间，所以距离为（2×15）+（1×210）=240m。

卡车比小汽车开得远。

P80—P81 引力和思想实验

亚里士多德认为，较重的物体在重力的作用下加速度更大，所以他认为较重的物体会比较轻的物体先落地。伽利略认为所有物体在重力作用下的加速度都是一样的，所以他认为两个物体会同时落地。

伽利略建议连接两个物体的绳子不用太长。如果绳子足够短的话，一轻一重连在一起的两个物体就相当于一个更重的物体。根据亚里士多德的理论，这个"组合"物体应该比重的物体下落得更快。轻的物体不能同时产生使重物下落得既慢又快的效应。因此，绳子的长度决定轻的物体影响重的物体如何下落的观点是荒谬的。而驳倒这一理论的唯一依据就是所有物体的加速度都是一样的。

P86—P87 打台球

这些只是部分解决方案，也许还有其他的方法。

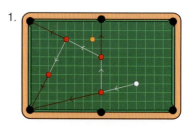

4.在这些答案中，北和东的动量为正，南和西的动量为负。

· 东西方向：6个单位（撞击前主球的动量）+0个单位（撞击前红球的动量）= 5个单位（撞击后主球的动量）+1个单位（撞击后红球的动量）

南北方向：0个单位（撞击前主球的动量）+0个单位（撞击前红球的动量）=−2个单位（撞击后主球的动量）+2个单位（撞击后红球的动量）

· 东西方向：0个单位（撞击前主球的动量）+0个单位（撞击前红球的动量）= 1个单位（撞击后主球的动量）–1个单位（撞击后红球的动量）

南北方向：–3个单位（撞击前主球的动量）+0个单位（撞击前红球的动量）= –1个单位（撞击后主球的动量）– 2个单位（撞击后红球的动量）

· 东西方向：–2个单位（撞击前主球的动量）+0个单位（撞击前红球的动量）= –1个单位（撞击后主球的动量）–1个单位（撞击后红球的动量）

南北方向：–3个单位（撞击前主球的动量）+0个单位（撞击前红球的动量）= 0个单位（撞击后主球的动量）–3个单位（撞击后红球的动量）

P92—P93 角动量

当溜冰者将手臂贴近身体时，旋转半径减小。也就是说，如果没有其他变化，他的角动量会减小。可角动量是守恒的，所以在这种情况下，一定有其他因素也改变了，角动量才能保持不变。他的质量不会改变，那么他旋转的速度一定会变快。所以，如果他把手臂收起来，他会转得更快。同样的逻辑，如果他把胳膊伸出去，就会转得更慢。

当溜冰者抱起他的女儿时，他的整体重量增加。他的角动量保持不变，但是质量增加会使角动量增加，所以一定有别的因素也变了，才能使角动量守恒。因此，他在抱起女儿，质量增加后旋转得更慢了。

改变地球自转的速度

疯狂的老板可以从地轴向外展开，在现有质量的基础上，将地球变成煎饼状，也可以用铅覆盖地球表面，使其质量大幅度增加。这两种情况都会使地球减慢自转的速度以保持

角动量的恒定。而把地球做成扫帚柄的形状或将地心挖空，则会使地球旋转得更快。

一年有365×24=8 760小时。每天工作8小时，7天中工作5天，即人们每年工作365×8×5÷7≈2 086小时。如果一天变成30小时，那么一年就有8 760÷30=292天。365–292=73天，一年会减少73天。每天工作10小时，7天中工作5天，也就意味着人们每年将工作292×10×5÷7≈2 086小时。

即使疯狂老板可以让一天的时间变长，但他却改变不了一年中的小时数。可是不管怎样，大多数人每年的工作时间还是会超过2 000小时。

P98—P99 摩擦力和卡车

避险车道

平均速度= 15m/s

距离= 50m

可用时间= 50m ÷ 15m/s=3.3s

最大减速=（3+1）m/s² = 4m/s²

最大速度变化量= 4 × 3.3 =13.2m/s

这个速度变化不能使卡车停下来。

沙砾道路

平均速度=15m/s

距离= 175m

可用时间= 175m ÷ 15m/s= 11.7s

最大减速=（2+1）m/s² = 3m/s²

最大速度变化量=3 × 11.7=35.1m/s

这样的速度变化足以使卡车停下来。

如果司机选择沙砾道路，摩擦力减速为每秒钟2m/s，那么每秒钟共减速3m/s，用时10s。也就是说，司机只需要150m就可以把车停下来了。因此，司机将有足够的时间让卡车完全停下来。

因此，他应该选择沙砾道路。

P104—P105 "核"爆米花

以下是爆米花半衰期的图表：

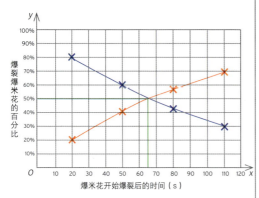

- 未爆裂的玉米粒的百分比
- 爆裂爆米花的百分比
- 半衰期=66s

P106—P107 原子内部

质子的体积为 $10^{-15} \times 6 \times 10^{-31}\text{m}^3 = 6 \times 10^{-15-31} = 6 \times 10^{-46}\text{m}^3$

密度=质量÷体积=（ $1.7 \times 10^{-27}\text{kg}$ ）÷（ $6 \times 10^{-46}\text{m}^3$ ）$= 2.8 \times 10^{18}\text{kg/m}^3$

对于电子：密度=质量÷体积= $9.1 \times 10^{-31}\text{kg} \div$（ 6×10^{-31} ）$= 1.5\text{kg/m}^3$

也就是说，原子核约为电子云密度的 $2.8 \times 10^{18} \div 1.5 = 1.87 \times 10^{18}$ 倍，即密度约为它的 1.87×10^{18} 倍。

P112—P113 辐射和橙子

1.每个辐射源每小时释放相当于2个橙子的等量辐射，所以一小时后，它们会释放相当于6个橙子的等量辐射。

一天后，它们会释放相当于144个橙子的等量辐射。

按一年365天计算，每年就有相当于52 560个橙子的等量辐射。这是人体所能承受的正常辐射量的2倍。

2.加上一张纸就可以阻挡α辐射，所以每年的总辐射量为：$4 \times 24 \times 365 = 35\,040$ 个橙子释放的等量辐射。这仍然高于人体所能承受的辐射限制。

添加一层金属可以阻挡α辐射和β辐射，所以每年的总辐射量为：$2 \times 24 \times 365 = 17\,520$ 个橙子释放的等量辐射。低于人体所能承受的辐射量限度。

一半的γ辐射可以穿透1cm厚的铅；也就是说，1/4的γ辐射可以穿透2cm厚的铅，1/8的γ辐射可以穿透3cm厚的铅。如果你使用3cm厚的铅，每年只产生相当于2 190个橙子释放的等量辐射。

P118—P119 逃逸速度

罗慕路斯的质量比地球大，但大小和地球一样，所以它的逃逸速度比地球大。

雷穆斯的质量和地球一样，但比地球大，所以它的逃逸速度比地球小。

伏尔甘星的质量比地球大，但外形比地球小，所以它的逃逸速度比地球大得多。

P124—P125 太空任务

1.斯普特尼克号（1957，苏联）（d）

2.先驱者1号（1958，美国）（j）

3.东方1号（1961，苏联）（h）

4.水手2号（1962，美国）（i）

5.阿波罗11号（1969，美国）（b）

6.旅行者1号（1977，美国）（a）

7.乔托号（1958，欧洲空间局）（c）

8.火星探路者号（1996，美国）（g）

9.国际空间站（1998，多国共同建造）（e）

10.隼鸟2号（2014，日本、德国、法国）（k）

11.欧罗巴快船（预计2025年发射，美国）（f）

P130—P131 高速的宇宙飞船

· 第一艘宇宙飞船相对论因子为1000÷250=4。

· 第二艘宇宙飞船相对论因子为500t÷100t=5。

· 第三艘宇宙飞船相对论因子为3秒÷1s=3。

因此，第二艘宇宙飞船的速度是最快的，并且经历了最极端的相对论效应。

发现宇宙飞船

· 宇宙飞船C是深蓝色的，所以它移动得最快（并且正在向你移动）。

· 从宇宙飞船C驾驶员的角度看，所有其他的宇宙飞船都正在向它的方向以不同的速度前进。因为宇宙飞船A是从另一个方向向你移动的，所以从宇宙飞船C的角度来看，它的速度是最大的，颜色是最鲜艳的。从宇宙飞船C上看宇宙飞船A，比你看宇宙飞船C的颜色更加蓝。宇宙飞船B对宇宙飞船C来说，颜色是最淡的，因为在宇宙飞船C驾驶员看来，它是唯一和宇宙飞船C朝同一个方向移动的宇宙飞船。

P136 看见行星

	与太阳的距离（km）	表面温度（℃）	半径（km）	特性
木星	779 000 000	−145	69 911	有巨大风暴
火星	228 000 000	−63	3 390	表面是红色的
水星	58 000 000	427	2 440	一天比一年长
土星	1 434 000 000	−150	58 232	赤道周围有光环
金星	108 000 000	462	6 052	温室效应失控

图片出处

ADOBESTOCK
第16—17页、52—53页©Andrew-Griffiths

SHUTTERSTOCK
第18—19页©Coffeemill
目录页下图、第4—5页©SOMMAI
第2页©Eivaisla
第2—3页上图©FourOaks
第2—3页下图©AirKanlayd
第7页©TocaMarine
第8页上图©konstantinks
第8页下图©MaxTopehii
第10—11页©Baramvou0708
第12—13页©trainmanlll
第13页©Xpixel
第14页©YeoulKwon
第15页©Arcansel
第17页上图©Triff
第17页下图©PetrMalyshev
第18页上图©VolykNatallia
第18—19页、114—115页©Allforyou-friend
第19页上图©DeStefano
第20—21页、116页©M.unaiOzmen
第22页©ArakRattanawijittakom
第24页©Balefire
第25页©exopixel
第26—27页©Number1411
第27页上图©konstantinks
第27页下图©donatas1205
第30—31页©JamesBOInsogna
第30页©vector-map
第31页上图©BillionPhotos
第31页下图©mama_mia
第32—33页、34页©Art2ur
第35页©ShutterStockStudio
第36—37页©xpixel
第38—39页©art.empo
第39页©JUN3
第40—41页©Kasang.Foto
第44页©GeorgiosKollidas

第45页©Reinekke
第46—47页上图©silvertiger
第46—47页下图©yukipon
第46页©michelangeloop
第48页©LedyX
第52页©aksana2010
第54页上图©Rvector
第54页下图©peterschreibermedia
第55页©CrackerClipsStockMedia
第56页©goir
第58页©NatpantPrommanee
第60页©petrroudny43
第62页©LuisLouro
第67页©EWCHEEGUAN
第70页（曲棍球球棍）©Iosha
第70页（冰球）©mexrix
第71页左图©JulianRovagnati
第71页右图©Irin-k
第74页©DannySmythe
第75页©TatianaPopova
第76页©JacekChabraszewski
第77页©muratart
第78—79页©ntstudio
第81页左上图©AndreyBryzgalov
第81页右上图©nadtytok
第81页下图©PrachayaRoekdeetnaweesab
第82页©ChristianMueller
第83页©kmls
第84和85页上图©pirke
第84—85页下图、96—97页©yukipon
第86—87页©KitchBain
第88页©EugeneOnischenko
第92上图©optimarc
第92页下图©PeterGudella
第93页背景©ReinholdWittich
第93页©TijanaM
第94页©denisgo
第95页©SergivBorakovskyv
第98页上图©Justdance

第98页下图©logoboom
第99页©KrashenitsaDmitril
第102、106页©antpkr
第103页©MPanchenko
第105页左©timquo
第105页右图、113页©CosmoVector
第105页背景©SOMMAI
第106页上图©PakawatSuwannaket
第107页©DavidCarrltet
第108页©TridsanuThopet
第109页上图©Ouon_ID
第109页下©AshTproductions
第113页©Menna
第114页©SvetianaPrivezentseva
第117页上图©muratart
第117页下图©CheersGroup第118—119页上图、137页©Nutta-wutUttamaharad
第118—119页下图©KriengsukPrasroetsung
第118页©MaskaRad
第119页©SusanSchmitz
第120页©DimaZel
第121页©AndreyArmyagov
第122页©MegaPixel
第123页©koosen
第124—125页©HelenField
第128、129页©RATCHANATBUANGERN
第131页背景（夜空）©ArtFurnace
第131页下图©DottedYeti
第132页©sNike

除非另作说明，本书的插图均由洛克·勃兰特（RocBrandt.）提供。

特此鸣谢本书中所有插图的版权持有者。若因本人的疏忽而造成任何遗漏或错误，在此深表歉意，并将在后续版本中对相关的公司和个人加以补充说明。